美丽观赏鸟
鉴赏与饲养

张春红 主编

黑龙江科学技术出版社
HEILONGJIANG SCIENCE AND TECHNOLOGY PRESS

图书在版编目（CIP）数据

美丽观赏鸟鉴赏与饲养 / 张春红主编 . -- 哈尔滨：
黑龙江科学技术出版社 , 2018.10
ISBN 978-7-5388-9861-3

Ⅰ . ①美… Ⅱ . ①张… Ⅲ . ①鸟类 - 驯养 Ⅳ .
① S865.3

中国版本图书馆 CIP 数据核字 (2018) 第 209058 号

美 丽 观 赏 鸟 鉴 赏 与 饲 养

MEILI GUANSHANG NIAO JIANSHANG YU SIYANG

作　　者	张春红
项目总监	薛方闻
责任编辑	李欣育
策　　划	深圳市金版文化发展股份有限公司
封面设计	深圳市金版文化发展股份有限公司
出　　版	黑龙江科学技术出版社
	地址：哈尔滨市南岗区公安街 70-2 号　邮编：150007
	电话：（0451）53642106　传真：（0451）53642143
	网址：www.lkcbs.cn
发　　行	全国新华书店
印　　刷	深圳市雅佳图印刷有限公司
开　　本	723 mm × 1020 mm　1/16
印　　张	11
字　　数	150 千字
版　　次	2018 年 10 月第 1 版
印　　次	2018 年 10 月第 1 次印刷
书　　号	ISBN 978-7-5388-9861-3
定　　价	39.80 元

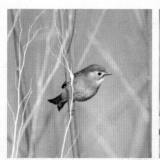

序

　　鸟儿是大自然的精灵，它聪明、机灵、通人性，非常惹人喜爱。在闲暇时光养上一只鸟，既能舒缓心情、充实生活，也能满足人们的精神需求。

　　如今，很多都市人都有养宠物鸟的爱好，但要想养好鸟，只有热情是远远不够的，还必须有责任心、耐心、细心和恒心。首先要做好照顾鸟儿一生的心理准备，然后要有一定的经济基础，能够提供良好的饲养环境，还要确保有足够的时间投入。如果以上条件你都满足，那么只要学会养鸟的知识，就可以着手养鸟了。

　　本书系统地介绍了关于观赏鸟的方方面面，包括对其种类的分析，如何科学喂养，训练技艺等等。让你学会用正确的方法呵护你的爱鸟健康成长，也能让你和你的家人在饲养鸟儿的过程中找到乐趣，越养越有兴致。

目录

鸟儿是有灵性的动物，可以带给我们婉转动听的歌声，或是令人捧腹大笑的语言，让我们的生活变得更有趣。

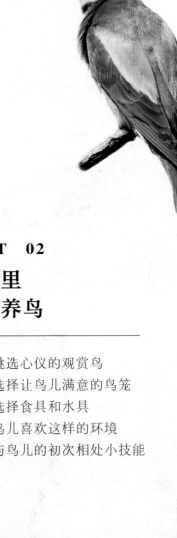

PART 01
入门知识！
了解观赏鸟

PART 02
从这里
开始养鸟

PART 03
科学养护你的爱鸟

PART 04

让鸟儿学会
更多技能

PART 05

鸟宝宝的培育

PART 06

维护爱鸟的健康

PART 07

关于观赏鸟，
我猜你还想知道……

PART 01

入门知识！
了解观赏鸟

据统计，我们的地球上现存大约有一千亿只鸟，将近九千个种类，其中只有少部分美丽可爱的鸟儿被人们选作观赏鸟。那么观赏鸟究竟有哪些呢？哪些又比较适合笼养呢？让我们一起走进观赏鸟的世界吧！

中国的养鸟历史

　　远古时代，森林繁茂，生物众多，古猿从树上走到地面，用石块和木棒作为工具让自己获得了食物，从此人类社会产生。对于当时的原始人来说，鸟类只有填饱肚子的价值。后来，随着生产技能和生活水平的逐渐提高，人们捕获的鸟禽常常多于需要食用的量，所以他们就把这部分多余的鸟饲养起来以便日后食用。久而久之，人们慢慢发现一些鸟儿可以鸣唱有序动听的旋律，甚至能够表演出色的技艺，或是模仿人类的语言，与人交谈。这些鸟儿给予了人们极大的快乐，于是大家就有意识地把这类鸟喂养起来，这就是观赏鸟的由来。

POINT　悠久的历史

中国人的养鸟之路

　　中国的鸟类有1000多种，是世界上鸟类品种最多的国家之一，而其中能够笼养的观赏

鸟类有100种左右。

　　在我国，饲养观赏鸟的历史已有三千年之久。早在北宋时期，养鸟之风就开始盛行。

据说，宋徽宗在当上皇帝之前，也"颇好驯养禽兽以供玩"；到了明清时期，开始流行遛

鸟，这个习惯也一直延传至今。其中画眉、绣眼、百灵、靛颏更是被誉为我国四大名鸟。

如今，养鸟已经成为了人们生活中休闲娱乐的一种方式。

鉴赏分类法

观赏鸟的种类很多，我们可以根据鸟儿的毛色、技能和鸣叫声把观赏鸟分为观赏型、表演型和鸣唱型三类。

观赏型

　　这种类型的鸟儿外表华丽，羽毛鲜艳，在鸟群中常常一眼就能被认出，优美的体态令人赏心悦目，活泼好动的性格则更是让人喜爱。就饲养来说也较为简单，不需要特别去调教和训练，只要养活就能达到观赏要求。翠鸟、黄鹂鸟、寿带鸟、太平鸟、三宝鸟、金山珍珠、牡丹鹦鹉、玄凤鹦鹉、红嘴蓝鹊、白腹蓝姬鹟等是观赏型鸟类中知名度较高的。还有一些体型较大的鸟儿，例如羽毛光鲜的山鸡、孔雀等也都属于观赏型。

表演型

　　鸟类的智商在动物界里算是比较高的，其中一些聪明的鸟儿在经过训练之后可以掌握一定的技艺和表演能力。八哥、鹩哥、蓝歌鸲、相思鸟、棕头鸦雀、绯胸鹦鹉、白腰文鸟、黑头蜡嘴雀等都是表演型的品种。它们当中有的会模仿人说话，有的能遵循人的指示进行表演，有的甚至会打猎，比如猎隼、猎鹰等。

鸣唱型

　　歌唱的天分不只是人类才拥有的，很多鸟儿也有"好声音"！柳莺、树莺、百灵、画眉、云雀、大山雀、金翅雀等都是善于鸣唱的类型。这类鸟儿的羽色虽然没有观赏型鸟类的艳丽，但鸣叫声悦耳婉转，动人心弦。如果能够同时饲养几个品种，让它们一起唱起歌来，鸣唱声此起彼伏，清亮多变，就像是在欣赏一场交响乐一般。

食性分类法

根据鸟儿所吃食物的性质可以把观赏鸟分为软食鸟、硬食鸟和生食鸟三类。

软食鸟

　　别以为鸟儿长得娇小，就是个好伺候的主儿，其实它们也挑食。有一部分鸟儿是以细软饲料为主食的，比如靛颏、绣眼、四喜鸟、蓝歌鸲、白眉鸫、红胁蓝尾鸲等，我们通常将这类鸟儿称为软食鸟。观赏鸟中很大一部分都是软食鸟，它们的嘴喙短小细弱，对硬质饲料消化吸收的能力较差，所以一般只食粉料或虫类，吃不了太多谷类等硬食。

POINT　剥壳小能手

硬食鸟

　　有不喜欢吃谷类等硬食的鸟儿，自然也会有喜欢吃的。通常以植物籽实为主食的鸟儿
我们都称为硬食鸟，灰文鸟、蜡嘴雀、金山珍珠、虎皮鹦鹉等都属于这一类型。这个类型
的鸟儿通常有较为宽大坚硬的喙，胃腺肌肉较为丰厚，相对来说比较好养。它们在吃谷物
粒料时都有剥壳的习惯，而且剥壳技术可都是棒棒的哟！

　　还有一些鸟是软硬饲料都吃的，即杂食性鸟，比如画眉、百灵、八哥、白头鹎、白玉
鸟、太平鸟等，它们的饲料多以蛋米为主。

POINT 爱新鲜的"肉食主义"者
生食鸟

　　有些鸟儿只喜欢吃肉不喜欢吃菜，主要以鱼虾、肉类等为饲料，如蓝翡翠，我们称之为生食鸟（也有叫食肉鸟）。这类鸟儿比较不好养，又因为生食粪便一般特别腥臭，不利于保持环境的卫生，所以比较少人会选择它们用作家养，属于比较冷门的鸟类。不过，它们比软、硬食鸟都要抗饿，在喂食上的要求也没有那么严格，笼子内不需要常备饲料，每周喂二三次就可以了。

观赏鸟的生理特征

　　大约6500万年前，地球发生了"白垩纪物种大灭绝"事件，几乎地球上所有的恐龙都灭绝了，只有少部分鸟类的祖先存活了下来。有研究表明，恐龙灭绝后的1000万年至1500万年间，鸟类发生了"超级物种大爆发"，后来逐渐演化出了1万多种被称为新鸟纲的鸟类，现存的大部分鸟类都是来自这些新鸟纲鸟类。

　　鸟类能存活下来，与它们独特的生理特征不无关系，例如它们大部分都会飞翔，这完全就是一个最佳的逃生技能。"二足而羽谓之禽"，鸟类是唯一全身都披着羽毛的脊椎动物。如今，很多鸟儿也是因其美丽的羽毛才被选为笼养观赏鸟的。

主要特征

　　鸟类的身体呈流线型，在空中飞翔时，这样的体型可以减少大部分的阻力。它们的消化系统十分发达，东西吃进去很快就会被消化，这样也是为了能够更好地减轻体重，可以飞得更高更远。它们的心脏有两个心房和两个心室，活动能力较其他动物来说要强得多，所以热量和体力的消耗也要大些。

　　鸟类为适应飞翔，体内是不能够贮存很多饲料来慢慢消化的，所以它们的进食与其他动物不一样，需要采取少量多次的进食方式。

观赏鸟的观赏形态

能被选作观赏鸟的鸟类，最基本的要求就是具有可观赏价值，例如身披美丽的羽毛。但也有部分是因为被人类驯化后，学会了各种各样的技艺，甚至是可以模仿人类的语言与人交流，具有娱乐人们身心、陶冶情操、使人心情愉悦放松的作用。

在挑选观赏鸟时，我们可以根据观察鸟儿羽毛状态和聆听鸟儿叫声的方式来选择。分辨清楚这些鸟儿各自的特点，对饲育者来说是有很大作用的。

各种各样的鸟儿

　　有些鸟儿的鸣叫声清朗流畅、婉转动人，比如百灵鸟，它有十三套音韵，高音低音统统不在话下，堪比一支合唱队。有些鸟儿擅长飞舞，比如金翅鸟，它时而平翔，时而翻身旋转，翩翩身姿优雅动人，像极了一名出色的杂技演员。有时候，长得美也是一种实力，比如寿带鸟，它的羽毛美丽多彩、鲜艳夺目，光是站在那儿就是一道风景，非常惹人喜爱。当然了，还有一些鸟儿的性格比较鲜明，总以特别的方式吸引人的目光，比如棕头鸦雀，它性情较为凶猛，特别喜欢争斗，可不要轻易去招惹它哦！

PART 02

从这里开始养鸟

观赏鸟如此机灵可爱，你是不是也想养一只呢？但在养鸟前一定要确定自己有足够的时间和精力去照顾它。鸟儿再小也是一条生命，一旦确定要养，我们就要对它负责。现在我们就来了解一下养鸟的基础知识吧。

挑选心仪的观赏鸟

市面上的观赏鸟可谓是五花八门，常常会让人挑得眼花缭乱。到底什么样的鸟儿才是真正适合自己的呢？我们应该怎样挑选呢？接下来就告诉你答案。

POINT 喜好是第一标准
怎样选择

人们饲养宠物，或多或少都想在它们身上得到些慰藉，养鸟也是如此。也许你想每天清晨都在曼妙的鸣唱声中醒来，或者只是单纯地想要欣赏鸟儿多彩艳丽的羽毛，亦有可能你希望看到巧妙的技艺表演。因此在挑选观赏鸟时，应该先明确自己的喜好，再来锁定目标。

歌唱爱好者：传统名鸟百灵、画眉、靛颏、绣眼以及名声在外的黄鹂鸟、相思鸟、芙蓉鸟等都是妥妥的实力唱将。

外貌至上：羽毛华丽的鸟儿有三宝鸟、太平鸟、七彩文鸟、玄凤鹦鹉、虎皮鹦鹉、红嘴蓝鹊等。此外，观赏鸽类也是不错的选择哦！

高超技艺：可训练表演杂技的鸟有黄雀、朱顶雀、蜡嘴雀等，也可以选择会模仿其他鸟兽叫声或是人类语言的八哥、鹩哥、鹦鹉等。喜欢看斗鸟的朋友也可以选择善于斗争，可供比赛的鹌鹑、棕头鸦雀等。

POINT 适合自己的就是最好的
不同人群的选择

初学者：一般而言，初学者最好选择好养、易购、价格合适的硬食鸟类，如蜡嘴雀、灰文鸟、白腰文鸟、金山珍珠等。

达人：若已经有一定的饲养经验，就可以试养软食鸟类，如点颏、黄鹂、大山雀等。

长辈：对于年长者来说，闲暇时间更多，推荐选择表演型或鸣唱型鸟类。以芙蓉鸟作为入门尤为合适，画眉、百灵、黄雀、八哥、鹩哥等都是很好的选择。

白领：对于都市白领来说，选择一些安静、美丽、善解人意的鸟儿最为合适。工作之余，逗逗鸟、向它倾诉烦恼也是缓解工作和生活压力的良方。

如何购买

选好了合心意的品种之后，就可以去购买啦！我们选购时最应该重视的两点是鸟儿的身体状态和年龄。健康的鸟体是成活的关键，幼年是开始驯养的最理想阶段，也是训练技艺和鸣唱最好的阶段。

PS：如今可供选择的观赏鸟品种非常多，在没有特殊情况时，不建议驯养野生鸟。野生鸟习惯了自由自在，被人类束缚后，往往会郁郁寡欢，绝食抵抗甚至伤害自己。而且有些野生鸟身上还会携带一些细菌、病毒，不利于养活。

POINT 羽毛、腿部
年龄大小判断

　　看鸟的羽毛：一般来讲，羽翼丰满的新鸟毛色会比较鲜亮，富有光泽，随着年龄的增长，羽毛的色泽会慢慢变暗。老鸟的羽毛就比较杂乱，没有光泽。

　　看鸟的腿部：年纪较小的鸟的腿部皮肤会比较细嫩，而年纪越大，它的腿、爪上的皮肤就会越粗糙。一般只经过一两次换羽的鸟，其腿、爪是油亮而有淡红色光泽的，等到年老时，颜色会慢慢褪成浅白色，光泽感消失，变成明显的鱼鳞状皮肤。

POINT　眼睛、羽毛、精神状态
身体状态判断

体质上佳的表现：眼睛是心灵的窗户，状态良好的鸟儿往往双眼有神，还有充沛的精力，鸣叫声响亮，比较活泼灵动。

病态的表现：鸟儿的羽毛松散，精神状态不佳，不喜欢活动，眼、口、鼻有异物，泄殖孔附近的羽毛不干净。

选择让鸟儿满意的鸟笼

把鸟儿带回家之前，我们要做的头等大事就是给它一个舒适安逸的家，让它的生活完美地拉开序幕。

POINT　材质形状大不同
认识鸟笼

　　鸟笼是观赏鸟生活和玩耍的主要场所，因此在鸟笼的挑选上我们一定要小心仔细。鸟笼一般用竹、木或金属丝之类的材料制作，形状有圆形、半圆形、扁形、腰鼓形、房式、方形、长方形等。我国的鸟笼比较讲究选材，做工精细，既实用又美观，因此闻名于世，买鸟笼时可以放心大胆地选择国产的产品，具体需要哪种形状尺寸的鸟笼则要根据鸟儿的身体大小和生活习性来决定。

POINT　让鸟儿生活得更舒心
选择鸟笼

　　鸟笼有大小、高矮、疏密之分，想买到合适的鸟笼，就需要考虑到鸟儿的体型和习性。高大的鸟笼可以给体型大的鸟儿足够的活动空间；笼条密一点的鸟笼可以降低羽毛损坏的概率；天性活泼，喜欢高飞的鸟儿，就算体型小也应该选择高大一点的鸟笼；特别一点的金属笼和栖架，适合用来饲养鹦鹉这样体型大的硬食鸟。

　　为了方便选择购买，鸟笼也可以大致分为食谷类鸟笼和食虫类鸟笼两类。文鸟笼、芙蓉鸟笼、黄雀笼都是食谷类鸟笼，适用于硬食类的鸟儿。点颏笼、八哥笼、画眉笼、绣眼笼则属于食虫类鸟笼，适合给软食类或是杂食类的鸟儿使用。

　　所以在挑选鸟笼时有个小技巧，即看鸟的学名，然后选择以鸟学名命名的鸟笼，这种方法既方便又迅速。如果没有，那就需要判断打算买的鸟儿是食谷类还是食虫类的，然后再选择适合的鸟笼。

选择食具
和水具

给鸟儿选好了漂亮的房子后，我们接下来就要给它们购买用具啦！首先要准备的，就是食具和水具，而这些是要根据不同鸟儿的不同习性来进行选择的。

常见的食具和水具

粒料缸：一般采用陶瓷制成，腹部宽大，口较小，用于盛放一般的粒料，比如粟、苏子、稻谷等，也可以用作水缸。

米缸：一般用于盛放一些比较贵的精制粒料，如鸡蛋米、剥壳的大米、小米等。米缸的样式较多，为了防止鸟将粒料挑拨到米缸外造成浪费，它们口部都比较小，常见的有腰鼓型、缩口型等。

粉料缸：口径和底径一样大，缸壁光滑，深度一般较浅，所以又被称为浅缸，最适合盛放容易变质的粉料。鸣禽类一般不用，因为可盛放的食量较少。

湿料缸：一般用于盛放湿料。湿料是食虫类鸟儿的主要食物，主要是把鱼、虾、熟鸡蛋、各类鲜肉等剁碎后按比例与粉料及水混合调制成的。为了取食、清洗方便，湿料缸和粉料缸一样，缸壁都是光滑的，但深度相对来说更浅一些。

菜缸：一般较深，口径和底径一样大，用于盛放叶菜或野草等，为了保持叶菜的新鲜，一般还会盛放一些清水。

水缸：笼鸟的饮水用具是必不可少的，可以直接用粒料缸替代，也可以用特制的饮水器。为了防止鸟儿挑拨污染饮用水，一般选用饮水口细小的容器。

其他工具：为了更好地饲养笼鸟，有一些实用又方便的工具也是要准备的，如遮光布、遛鸟必备的笼罩、挂鸟笼用的笼架、添加饲料的饲料匙、铁皮或塑料材质的加料漏管、饲喂雏鸟的光滑竹质喂料扦、保持清洁卫生的粪垫和粪铲，等等。

鸟儿喜欢这样的环境

　　不同的动物有不同的性情，每只鸟儿喜欢的生活环境也不同。有的"一生放荡不羁爱自由"，喜欢蹦蹦跳跳、飞来飞去，需要宽敞的环境。有的则温文尔雅，喜欢站枝头，就需要把笼子挂高，配备栖息杆。我们已经把喜欢的鸟儿带回家了，也给它买了鸟笼，那么应该把它养在家里的哪个地方呢？作为一名合格的笼鸟爱好者，在为鸟儿选择环境的时候是非常有讲究的哦！

POINT 光线充足的高处
饲养的环境

　　鸟是飞行动物，它们天生喜欢从高处俯瞰世界。如果你饲养的只是少数几只鸟儿，就可以把鸟笼放在光照合适的墙角或者朝阳的窗口附近，如果有条件，可以把鸟儿挂在稍高一点的地方，这样会让鸟儿更舒适一点。如果是饲养较多的鸟儿，就要设立鸟房，这样管理起来更方便，也更利于鸟儿的成长。

　　PS：任何种类的鸟都不要放在阴暗潮湿的地下室或者黑暗的房间饲养，这样很容易引发它们的精神抑郁或行为问题，比如说自己拔自己的毛等。

与鸟儿的初次相处小技能

大部分鸟儿都是生性胆小、没有安全感的，所以我们要用爱心和耐心来跟鸟儿建立起一段良好的关系。

POINT　有耐心，慢慢来
相处方法

　　作为饲养人，在初步与鸟儿接触的时候是万万不能心急的，如果是从幼鸟养起，更要有耐心。

　　鸟儿刚买回来，可以先在鸟笼上罩一层能透丝丝光线的黑布，然后放置于较为安静的地方。同时，我们应该尽量不去打扰它，特别是不要为了自己的乐趣而去捉弄它，这是为了减缓鸟儿来到新环境后的惊慌感，让它产生安全感。等过段时间鸟儿对你熟悉了，也长大一些了，就可以把黑布摘下了。

　　另外，我们也可以在鸟笼笼底铺一层报纸，这能方便我们清洗鸟笼，至于如何清洗，我们后面会有章节进行介绍。有时候鸟儿会因为太无聊而去啄自己的羽毛，这对于养鸟人士来说是很令人头疼的问题。此时不妨将鸟笼布置一下，放一些花草，或者给鸟儿找个同类玩伴，例如多养几只鸟儿或者跟附近的爱鸟人士一起遛鸟，这样可以转移它的注意力，同时鸟儿跟你的关系也会更加亲密哦！

PART 03

科学养护
你的爱鸟

我们把鸟儿带回了家，就会想要给它最好的生活条件，但最好的不一定是最适合的。本章系统地介绍了如何科学地喂养观赏鸟，让我们一起来了解下怎样照顾鸟儿才是最合适的吧！

饲料的种类

人类的食物多种多样，鸟儿当然也不例外，其食料的丰富程度和讲究程度一定会让你大开眼界！由于种类繁多，事关存活，接下来让我们以严谨的态度走近鸟儿的"吃货"生涯。

粒料

　　粒料主要指的是还没有经过加工和处理的颗粒状植物籽实，因其采获容易、储存方便、保质期长、营养较为全面，所以是观赏鸟最主要的饲料。

　　粟：俗称小米，我国北方又称之为谷子，它有多种颜色，就口感来说又有梗、糯的分别。北方人养鸟喜欢用黄色小米，而南方人较为常用红色小米。

　　黍子：又称黍谷，脱壳后称为黄米，饲喂时以占日粮的70％左右为佳。

　　稗子：在没有足够量的粟或者想要降低饲养成本的情况下，可以用一定量的稗子来代替粟，效果还是挺不错的。

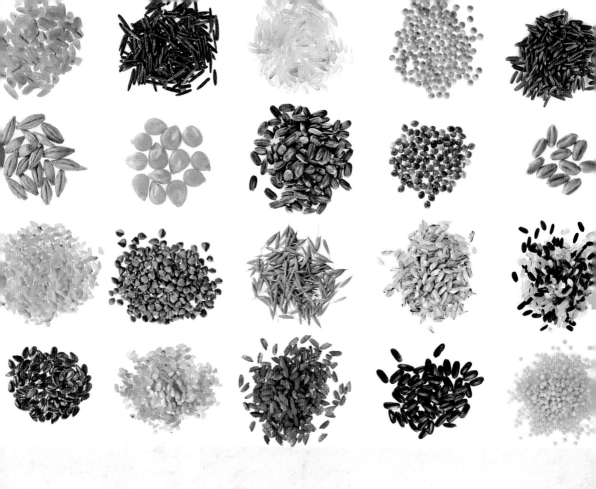

稻谷：品种很多，喂鸟一般只使用粳稻和籼稻，掺杂到日粮的40%～50%就可以了，有一些鸟类是很喜欢吃稻谷的。

玉米：颜色很多，大致可分为黄、红、白三种，一般多选用红色或黄色的玉米作为粒料，可以将其剥粒或是研磨成粉再进行投喂。

苏子：形状略大于粟，呈圆形，分为紫苏子和白苏子。很多北方人喜欢饲喂苏子，因苏子脂肪含量比较高，鸟类在冬季吃了可以增强御寒能力，又有利于其鸣啼和求偶，但一定要注意控制量。一般冬季喂粮占日粮的15%～20%就可以了，除去冬季外的三季喂食苏子的量要少很多，日粮的5%～10%就完全足够了。

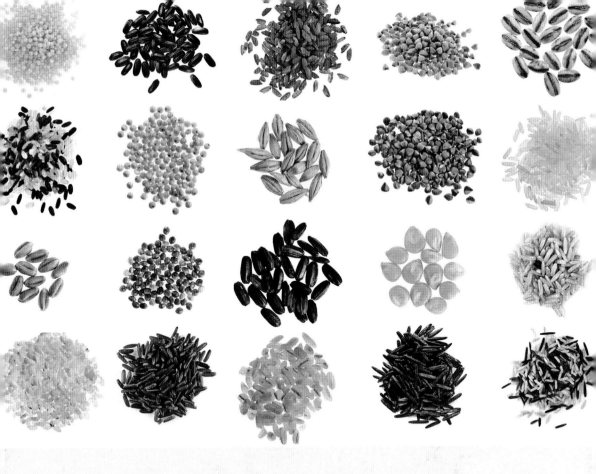

菜籽：一般指油菜的种子，主要用于冬季喂食，投喂量与苏子差不多。

麻籽：同样是脂肪含量很高的粒料，较为大型的宠物鸟很喜欢吃，用量为日粮的15%～25%即可。

其他粒料：除了上述这八种粒料外，宠物鸟能吃的粒料还有很多，例如花生、瓜子、胡桃、青瓜子等。人类可以食用的作物籽实几乎都可以用作它们的粒料，甚至一些野生植物的籽实也可以。

PS：知道了粒料的种类，还要注意的是如何投喂。首先，应该以多种饲料混杂一起投喂为佳，要注意营养均衡，其次脂肪含量高的粒料不应该掺杂过多，毕竟物极必反，多食就会有害这些可爱鸟儿的健康了。

粉料

粉料在国内外甚至我国南北方的叫法都不一样，日本称之为粉饵或者研饵，而我国北方则将其叫作克食粉，南方称为和面。

黄豆粉

黄豆粉蕴含了丰富的蛋白质、脂肪以及磷、钙等矿物质成分。一般在鸟儿的繁殖期或训练鸣唱时投喂，属热性饲料，夏季不宜喂食。

豌豆粉

豌豆粉相较于黄豆粉来说，脂肪和蛋白质含量会低一些，所以四季都可以喂食。

绿豆粉

绿豆粉包含的蛋白质和脂肪总量远低于黄豆粉和豌豆粉，有清热解毒之效，通常在夏季作为鸟儿食用的主要粉料。

蚕豆粉

蚕豆粉的脂肪及蛋白质含量都低于黄豆粉，而且价格也比黄豆粉低。想要保证鸟儿的营养到位，但又想降低成本，可以选择将蚕豆粉和黄豆粉混合在一起给鸟儿食用。

玉米粉

玉米粉是最容易获取的粉料，价格也便宜。一般选用黄色或红色的玉米粉喂食，也是四季都可以投喂的，同时也可搭配适量的黄豆粉投喂，以此满足鸟儿所需的营养。

鱼粉

鱼粉含有动物性蛋白，主要饲喂给爱食昆虫的鸟类，如画眉、百灵、靛颏、黄鹂鸟等。这类鸟野性较大，我们应该潜移默化地改变它们的食性，鱼粉或蚕蛹粉就是很好的替代品。

昆虫类饲料及其养殖

　　昆虫除了拥有较为大量的动物性蛋白之外，还含有很多种维生素、矿物质和辅酶，这些都是维持鸟儿们健康生活以及繁衍后代所需要的营养物质。自然界中很多鸟儿在繁殖育雏期内，通常都会捕捉大量各种各样的昆虫来哺育鸟宝宝。而鸟宝宝想要健康快乐地长大，必须要进食大量昆虫来补充动物性蛋白，毕竟健康要从娃娃抓起。

● 黄粉虫

　　黄粉虫喜欢附着生活在一些油料植物籽实、农作物粮食或是面粉上面。其幼虫是黄色的，间接伴有黄褐色的环状花纹，整体是圆筒形的，而且表皮光滑，是饲喂观赏鸟主要的昆虫类饲料。

养殖方式

　　黄粉虫很好养，我们可以在家自己饲养。首先准备一个木质饲养盘，垫好垫料后把虫卵放进去，然后放置在温度可以保持在25～30℃内的避光环境内养殖。每天投喂一些麸皮以及少量的青菜，经过45～60天，虫卵就可以发育成可以喂食鸟儿的幼虫了。

养殖注意事项

1.因为每只黄粉虫的发育情况不一样，当部分幼虫化蛹之后，要及时把蛹和幼虫们分开，要不然蛹会被幼虫咬伤。

2.在蛹皮裂开、成虫出来的时候，也要把成虫和蛹分开，这样更方便成虫们交配后再产卵。

3.当成虫们产出的卵达到一定量之后，就要把成虫们转移到另外一个饲养盘里，以防止成虫把卵吃掉。

● 蝗虫类

　　蝗虫是一种很常见的昆虫，全国大部分地区都有分布，几乎每个地方都可以捕捉到。除了蝗虫外，我们还可以用蟋蟀、螽斯、油葫芦等昆虫来喂食鸟儿，但要注意在投喂之前需把这些昆虫较为坚硬的口器和后肢去除，以免伤到鸟儿的喉咙。

收捕诀窍

　　蝗虫、蟋蟀、螽斯及油葫芦等昆虫并不容易人工饲养，因为它们对环境及容器的要求都比较苛刻，每个生活阶段的管理也较为复杂。又因这些昆虫较为常见，有很多动物园饲养者或者个人玩赏者会在夏秋季节大量收捕这些昆虫，把它们冷冻或烘干储存，作为冬春季节鸟儿们的饲料。

● 大蓑蛾

　　大蓑蛾又被叫作皮虫、大袋蛾或"吊死鬼"，一般用它的成虫来喂养鸟儿。冬季时我们可以趁着大蓑蛾虫茧封口冬眠的时候去采获它们，然后低温放置，这样来年春天之前就有虫饲料喂鸟了。

● 玉米虫

　　玉米虫又叫作玉米螟或者玉米钻心虫。冬天的时候玉米虫喜欢钻到枯萎的玉米或是高粱秸秆中休眠，这时候采集它们最为方便。而且这时期的玉米虫幼虫表皮光滑、柔软细嫩，相当适合用来喂养鸟儿。只不过玉米虫不易人工养活，因为它的生活史特别复杂，目前为止都没有人可以长期饲养玉米虫。

● 蚯蚓

蚯蚓是较为优质的宠物鸟饲料，常见的蚯蚓分为红蚯蚓和青蚯蚓两种。红蚯蚓喜欢生活在温暖潮湿又富有很多腐殖质的环境中，比如腐草堆、粪肥堆等地方。青蚯蚓一般生活在蔬菜农田里，喜欢在距离地表20～30cm的地方活动，没有红蚯蚓容易获得。

● 其他昆虫类饲料

其实昆虫类饲料还有很多，例如蝇蛆。蝇蛆是苍蝇的幼虫，蛋白质含量较高，饲养繁殖也特别简单，从腐烂的水果蔬菜上就可以取得。有些鸟类还比较喜欢蚕蛹、蝉等昆虫类饲料。

POINT 维生素的主要来源
青鲜饲料

　　鸟儿都需要摄入一定量的维生素来维持健康，而让它啄食些青鲜饲料是最方便的补充方法。大部分鸟儿都能直接啄食青鲜饲料，但也有部分鸟儿由于环境改变、物种进化等原因，不能直接啄食。对于这部分鸟儿，我们可以把一些青菜叶或是野青草用刀切碎，然后与其他饲料一起混合来饲喂它们。常用的青鲜饲料有青鲜叶类、野青草类、根茎类、瓜果及花类四种。

青鲜叶类

菠菜、油麦菜、小白菜等新鲜菜叶洗净之后都可以用来饲喂鸟儿。清洗时可先用 0.01% 的高锰酸钾溶液整株浸泡消毒，待过清水后再喂食，这样既方便投喂又保障了安全。

野青草类

常用野青草类饲料包括苦麻菜、马齿苋、蒲公英叶等。如果生长环境没有受到污染，用野青草类饲料喂食鸟儿比青鲜叶类更为安全。

根茎类

根茎类饲料也有很多，例如萝卜、红薯、荸荠等。同样地，投喂之前要认真清洗，再进行切片剁碎或者加热蒸熟，然后让鸟儿自行啄食。八哥、椋鸟、太平鸟等很喜欢吃蒸熟后的根茎类饲料。

瓜果及花类

这类饲料含有丰富的维生素和糖类，南瓜、西葫芦、香瓜、番茄、西瓜、苹果、香蕉、柑橘、柿子、黑枣及多种植物的鲜花等都可用于饲喂。对于一些在野外会采食软果的鸟类，我们可以喂食些蒸熟的南瓜、西葫芦等，利于消化。用植物鲜花作为饲料时必须要保证其新鲜无害，比较适合家里有种植鲜花可以随采随喂的饲养者。

鱼、虾及肉类饲料

　　鱼、虾及肉类饲料都是动物性饲料。我们可以把这类饲料放在烤箱里或是在火上烘烤干后研磨成粉，混合其他饲料一起投喂，也可以直接用小型的鱼虾或是把鲜肉切成丝来喂食。鱼虾及肉类饲料与昆虫类饲料一样含有丰富的动物性蛋白质和矿物质，这些是鸟儿生活、求偶及繁衍所必需的营养物质。

矿物质饲料

　　矿物质饲料常常会被饲养者们所忽视，很多人觉得通过喂食其他饲料，矿物质同样可以得到补充，但往往这个量是不够的。特别是在人工饲养的条件下，鸟儿常常最缺乏的就是矿物质元素。

　　矿物质元素是鸟儿在生长发育过程中必不可少的营养元素之一，所以在照顾雏鸟和产卵期的雌鸟时，含有钙、磷等矿物质元素的饲料要多供给些。又因为笼鸟是长期生活在狭小固定空间内的，常常会出现阶段性缺少某种矿物质的问题，这时作为主人的我们就要找出原因，及时对症补充供给所缺乏的矿物质饲料。如果鸟儿没有摄取到足够的矿物质，就会影响它们的繁殖甚至是正常寿命。

下面介绍一些国内常用的矿物质饲料，投喂时可以把这些饲料高温消毒烘干，研磨成粉，混合在其他饲料中一起投喂，但要注意比例搭配，不可一次投喂过多。

墨鱼骨

墨鱼骨是比较理想的矿物质饲料，它的主要成分是石灰质，它有利于鸟儿们的消化吸收。在鸟宝宝的饲料中加入墨鱼骨粉可以促进其生长发育。新鲜的墨鱼骨有些腥臭味，可以把墨鱼骨放到室外太阳底下暴晒几天去除腥味。

蛋壳粉

蛋壳粉的主要成分是钙、磷等矿物质，对鸟类的繁殖产卵很有好处。蛋壳粉的原料是家禽的蛋壳。如果家里有多余的鸡蛋或鸭蛋的空壳，我们可以将其自行加工成蛋壳粉。把蛋壳清洗干净，高温消毒烘干之后研磨成粉就可以了。

羽毛粉

羽毛粉是由动物羽毛中的羽绒部分加工而成的，富含蛋白质和矿物质，有助于鸟类新羽的生长。如果家里有正在换羽期的鸟儿，可以适量喂食些羽毛粉，单独饲喂或混合饲喂都可以。

贝壳

贝壳是矿物质饲料中钙、磷含量较高的。可以整块投喂，也可加工成颗粒状或是粉末状，按照2%～3%的比例混合进其他粉料中一起饲喂。

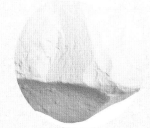

熟石灰

有一定水化时间的陈年熟石灰是较好的矿物质饲料。喂食时我们可以直接把熟石灰块放置于笼内，让鸟儿自己去啄食，或是弄碎后混合其他饲料一起饲喂。

食盐

鸟类需要摄取的食盐量其实很少，但食盐可以让它们的受精率提高。喂食的时候可以把一定量的食盐放到笼子中，让它们自己去啄食，也可以把粗制食盐与红黏土混合，压缩成块状，再让鸟儿们自行取食。

沙砾

沙砾是一种多功能矿物质饲料，可以很好地补给鸟儿所需的微量元素，还可以促进它们肠胃的蠕动，帮助消化。投喂时可以单独饲喂或是混合饲喂。

这样搭配
饲料更营养

在了解了那么多鸟儿的粮食种类后，我们要学会如何更加科学地搭配食材，给鸟儿制定更健康的进食方案，做一名优秀的营养师。

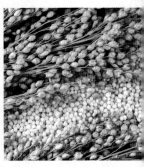

粒料的调配方法

● 白玉鸟混合粒料

适合黄雀、燕雀、白玉鸟、金翅鸟、斑文鸟、灰文鸟、梅花雀、金山珍珠等中小型鸟类。

夏、秋季（4～10月）粒料混合比例：

粟或黍：稗子：苏子：菜籽=10：8：1：1

冬、春季（11～3月）粒料混合比例：

粟或黍：稗子：苏子：菜籽=5：3：1：1

● 锡嘴雀混合粒料

适合锡嘴雀、交嘴雀、黑头蜡嘴雀等嘴型较大的鸟类。

夏、秋季（4～10月）粒料混合比例：

粟或稗子：稻谷：麻籽=7：10：3

冬、春季（11～3月）粒料混合比例：

粟或稗子：稻谷：麻籽=6：9：5

● 鸡蛋大米

　　500g大米加入2～3个生鸡蛋混合均匀，然后放到室外让太阳晒干，最后用文火炒熟至颜色变成淡黄色并伴有香气即可。存放时要选择干燥通风的地方，不然容易变质。

● 鸡蛋小米

　　500g黄色小米加入3～4个生鸡蛋，可加入少量骨粉或是保健钙粉用手揉搓均匀，然后放到室外晾干至米粒全部分离，最后用文火炒至没有水汽并伴有香味即可。鸡蛋小米是很多鸟类求偶期、繁殖期以及雏期的优质饲料，添加的骨粉或保健钙粉可让产卵期的鸟儿繁殖效果更好，并对雏鸟生长有益。

粉料的调配方法

● 白玉鸟混合粉料

在500g玉米粉中加入10~20g墨鱼骨粉，待搅拌均匀后加入5~8个熟鸡蛋，用手搓揉均匀后放到室外晾晒干，再次搓揉弄散呈小颗粒即可。成品保存要放在干燥通风处，防止发霉变质。有些过于高温湿热的地区是不适宜长时间存放混合好的粉料的，所以尽量不要一次做太多。山雀、画眉、白玉鸟、灰文鸟、五彩文鸟、金山珍珠等鸟类在其繁殖期、换羽期及冬季都可以投喂此种混合粉料。

● 绣眼鸟混合粉料

在750g黄豆粉中加入5~10g墨鱼骨粉，待搅拌均匀后加入3~5个熟鸡蛋再次搅拌，然后用手搓揉混合，在室外晾晒干后再次搓揉弄散至粉状或小颗粒状即可。绣眼鸟、戴胜鸟、大山雀等可以投喂此种混合粉料。

● 相思鸟混合粉料

取750g优质玉米粉，250g黄豆粉，50g蚕蛹粉，50g优质鱼粉和5～10g墨鱼骨粉全部搅拌均匀，加入1~2个熟鸡蛋再次搅拌，然后用手搓揉混合，在室外晾晒干后再次搓揉弄散即可。相思鸟、太平鸟等可以投喂此种混合粉料。

● 百灵鸟混合粉料

在1000g优质豌豆粉或绿豆粉中加入 5 ~ 10g墨鱼骨粉，待搅拌均匀后加入5 ~ 8个熟鸡蛋继续搅拌，然后用手搓揉均匀，之后放到室外晾晒干后再次搓揉弄散即可。保存的时候需放置在干燥通风的地方。百灵鸟、四喜鸟、靛颏等可以投喂此种混合粉料。

● 黄鹂鸟混合粉料

　　取500g优质玉米粉，200g黄豆粉，100g优质鱼粉或蚕蛹粉和5～10g墨鱼骨粉，全部搅拌均匀，加入3～4个熟鸡蛋再次搅拌，然后用手搓揉混合，室外晾晒干后再次搓揉弄散呈粉状即可。保存的时候放置在干燥通风处。黄鹂、八哥、红嘴蓝鹊等可以投喂此种混合粉料。

科学的喂养方法

　　鸟类身体轻盈有利于飞行，为了降低飞行成本，鸟类连肠道都进化得很短，体内不能贮存太多的食物且消化和排泄也非常快，因此很多鸟类需要不断进食，特别是小型观赏鸟。家庭笼养的观赏鸟，活动空间有限，连供给饲料的空间也很受限制，不可能一次就放置足量的饲料到鸟笼里面，所以必须要及时增添饲料，方便鸟儿啄食。

粒料篇

很多粒料都有籽壳，在喂食这类粒料时，鸟儿们喜欢用它们坚实的喙嗑开外壳进而吞食里面的籽肉，而随之剥落的籽壳常常会囤积在食具里。这常常会让新手饲养者以为食具里还有剩余粒料，只是被籽壳覆盖住了，因而没有及时添加粒料，导致鸟儿因饥饿而出现问题甚至是死亡。所以，我们必须随时清理食具里多余的籽壳，并及时添加粒料。

　　在喂食鸡蛋大米等没有籽壳的粒料时，往往会因为鸟儿不定时啄食水源而弄湿粒料，这时候就要及时清理食具和更换粒料。更换出来的潮湿粒料也不要扔掉，可以根据情况按照配方再添加材料处理制成新的混合粒料。苏子、麻籽、菜籽等植物籽实的脂肪含量比较高，鸟儿也特别爱吃，但一定要注意控制投喂量，否则容易造成鸟儿肥胖，影响其鸣唱和羽毛光泽。

　　除此之外，在投喂各式粒料之前，不管是购买的还是自制的，都要先检查其是否发霉变质或是不干净，确认没有问题再进行投喂。

粉料篇

　　粉料一般都富含大量的蛋白质，这意味着粉料较于其他饲料来说更易滋生有害细菌。

为了杜绝这一隐患，饲养者必须勤更换粉料和清洗食具，储存时间过长的粉料就不要再使

用了。在高温多雨的夏季，粉料饲料可以每天更换两次，最好上午一次下午一次，时间间

隔不要太长，同时清洗一次食具。有些人喜欢用水调和粉料来进行投喂，这样就更要注意

清洁卫生，防止粉料变质。

POINT 最方便投喂的饲料

青鲜饲料篇

　　青鲜饲料中最常用也是最方便投喂的是青鲜叶类，但在投喂之前要确保清洗干净。为了防止农药残留，可用0.01%高锰酸钾溶液或是食盐溶液将青菜整株浸泡。另外，一定要保证投喂的青菜是新鲜的，如菜叶较老或是干瘪，会造成鸟儿进食困难。投喂时可以一片片菜叶或是整株青菜投喂，也可放置在装有清水的食具里或是悬挂于鸟笼子里，让鸟儿自己去啄食。

饮水供给有讲究

因鸟笼的空间是固定有限的，同样的饮水供给也是不可能一次就满足的。并且笼内的水缸或饮水器常常会因为鸟儿的活动掺杂进饲料残渣、粪便或其他污渍，导致饮水发生变质。如果不及时清理和更换的话，一旦鸟儿误食，会导致其患病甚至是死亡。

饮水最好能每天上、下午都更换一次，并清洗水具。有个别鸟儿喜欢弄脏水具，如果你养到有这样陋习的鸟儿，就要提高清理和更换水具的频率，总之，不能让它们喝到脏污的水。在湿热的夏季，午后和傍晚必须要彻底清洗水具，同时更换干净新鲜的饮水。

鸟笼的清洗

　　鸟笼是鸟儿的家，想要鸟儿们健康快乐地成长，就必须要勤清洗鸟笼。鸟笼的种类有很多，但是清洗的方式都是大同小异。如果条件允许的话，鸟笼最好每天都清洗一次，即使做不到，至少也是一个星期清洗一次，而且要定时做消毒处理，尽量降低鸟儿受细菌感染的概率，下面给大家介绍一些鸟笼清理和消毒的方法。

POINT 整体淋湿局部洗刷

笼子的清洗

　　首先把整个笼子淋湿，确认每个角落的粪便都被湿化软化，放置一小段时间后再用刷子仔细清理整个鸟笼，特别是栖杆、玩具、食具、水具这些粪便重灾区，再用清水过一遍就干净了，之后将鸟笼放到室外晾干或是用吹风机吹干都可以。注意清洗时尽量只使用清水，以防使用其他洗涤剂时因没有冲洗干净而导致鸟儿误食，发生意外。

POINT　垫料、换底网
底盘的清理

垫料：平时可以在便盘上撒上鸟砂、木屑或是铺一些废弃报纸、广告纸，这样就可以避免鸟儿的粪便掉落后直接污染底盘，这些垫料更换起来也很方便。

底网：有一些鸟笼的底网是可拆卸的，当底网受到污染时，就可以将其直接取出清理，换上干净的底网。

● 应付爱咬底盘报纸的鸟儿

有些鸟儿会有爱咬底盘报纸的陋习，虽然很无奈，但也不得不处理。其实解决办法也很简单，只要在报纸上粘满胶带即可，但这方法不方便更换清理。最直接的办法是不铺报纸改用鸟砂，也可以直接不铺东西，但要注意每日清洁，做好消毒工作。

● 鸟砂的使用

鸟笼底盘的深度在1.5cm以上的建议使用鸟砂，因为它粒子较小，吸水性比木屑、报纸要好得多，可完全包覆住鸟粪，在一定程度上可以防止鸟儿羽毛粘上自己的粪便。平时只要把被鸟砂包覆的粪便颗粒清理掉就可以了，整盘鸟砂可以一周更换一次。

鸟笼消毒方法

鸟笼是鸟儿的主要生活场所，做好消毒可以有效消灭病原微生物，降低鸟儿患病概率，保证鸟儿的健康，下面列举一些常用的鸟笼消毒方法。

暴晒法：用清水或热水把鸟笼冲刷干净之后，放到太阳下曝晒，利用紫外线杀死附着在鸟笼上的一些病原微生物。

漂白水消毒法：建议使用浓度为2%～3%的次氯酸钠漂白水。用干净的抹布沾取漂白水将整个鸟笼里外擦拭几遍，然后用清水冲洗。做消毒时要把鸟儿隔离开来，冲洗时尽量多冲洗几遍，以防有残留，鸟儿误食后有危险。

酒精消毒法：使用浓度为70%～75%的酒精消毒最有效。用棉花或抹布蘸取酒精擦拭鸟笼，过后放在一旁等候酒精挥发完毕就可以了。如果你不太安心，也可以用清水冲洗一两遍，等晾干之后再让鸟儿回窝。

优碘消毒法：推荐使用清洁用优碘，如果家里只有伤口消毒用的优碘，也可以将其加水稀释以后再使用，具体方法是用擦拭加冲洗的方式进行消毒。

消毒小贴士

除了第一种方法以外，后三种方法都应该在把鸟儿移出鸟笼后进行。除了擦拭冲洗外，也可以把消毒产品装到喷瓶内喷洒在已冲洗干净的鸟笼上。如果使用了漂白水给鸟笼消毒，一定要用清水多冲洗几遍鸟笼，冲洗完后要拿鸟笼去晒太阳，等干了以后就可以把鸟儿放回笼子里了。

POINT 让消毒更彻底
专业消毒产品

鸟用消毒液

鸟用消毒液是可以直接用在鸟体上的消毒液，一般都有一股呛鼻的药味，因为它的成分里含有很多驱虫的药材。用鸟用消毒液来给鸟笼消毒不仅比其他消毒液要更加安全，还可以预防鸟儿得寄生虫病。

鸟儿
也爱洗澡

人类要洗澡，鸟类当然也不例外。鸟儿洗澡不但可以清洗其表皮残留的污垢，维护它的健康，而且还是鸟儿最佳的运动之一。

如何帮鸟儿洗澡

鸟儿洗澡的时间要根据鸟儿的身体情况和天气而定。夏季时可以每天下午洗一次，春、秋季较为干燥可改成隔天洗一次，而在冬季有保温环境时，可以选择阳光明媚的时候隔3~5天洗一次。如果鸟儿体质较弱而天气又凉的情况下，洗澡时间可以适当缩短。相反鸟儿体质强健而天气又暖就可适当延长洗澡时间。特别要注意的是冬天给鸟儿做完清洗后，要提高周围环境的温度，这样既能防止鸟儿受寒，又可促进其羽毛变干。

有些鸟儿初次洗澡时会有不适的表现。对于不愿意洗澡的鸟儿，饲养者可以从笼顶上方少量多次滴淋一些清水，让它慢慢适应，然后再引诱它进入水中清洗。如果你家鸟儿正处在换羽期，可适当减少洗澡的次数。有些做工细致的鸟笼是不能长时间泡水的，就要另找地方给鸟儿洗澡。

鸟儿喙和爪的养护

很多观赏鸟由于生存空间有限，鸟笼内常常会积攒过多的粪污，这些粪污就很容易污染鸟爪。

如何清洗
鸟儿的爪

　　鸟粪是有很强腐蚀性的东西，长时间黏附在鸟体上可能会造成鸟体部分残缺，所以当发现鸟体或爪被粪便污染时就要尽快进行清洗。清洗方法很简单，但需要注意的是整个清洗过程应该在一个温度能保持在36～38℃内的空间内进行，以防鸟儿受寒。具体方法是：准备一些36～38℃的清水，饲养者一只手抓住鸟体，用手指固定住鸟头和鸟尾，把脏的鸟爪露出，用清水软泡一下，然后用棉花棒或软布轻轻擦洗干净。如果污染比较严重，连羽毛也粘上粪便时，就要根据鸟儿的体质情况，分次清洗。因为清洗过程是相当耗费鸟儿体力的，一般一天只做一次，每次清洗的时间也不宜过长，尽量在3～5分钟内结束。

　　对于刚饲养的雏鸟，可能会因为亲鸟（即相对于幼鸟来说的父母）不经常清理巢穴或是繁殖巢的不适宜，鸟爪会携带有粪便。在做清理时注意动作要更轻更快，因为雏鸟的体力及体质相对于成鸟来说会弱很多，护理也需要更精心些。

　　清洗鸟儿身上的粪便污染时，也要检查一下鸟笼内是否有污染，如果有污染，要一并做清理，避免再次污染鸟体。

修爪

  笼养的鸟儿由于生活环境的改变，活动空间有限且不需要自己捕食，运动量比在野外生存时减少很多，随之爪的磨损概率也会减少很多。很多笼鸟因此而爪甲畸形，导致栖息的姿势失常，影响其正常生活。有些过长的爪甲会插入笼子或是栖架的缝隙处，鸟儿一旦用力就会造成爪损伤，甚至胫骨或趾骨骨折，流血不止，后果不堪设想，所以饲养者一旦发现爪甲过长，就要及时对其进行修剪。

修剪趾爪

1.用手圈握鸟体，力道不要过大。

2.用锋利的小刀或剪子从爪甲尖开始小段小段地修剪，每次修剪长度不能太长，每修剪一段要略停一段时间，等血液不再渗出的时候再修剪下一段。如果鸟爪已经畸形，修剪长度可略长一点。

3.过长的爪甲修剪完后，可以用细锉或细砂纸轻轻摩擦下鸟爪甲边缘，使棱角圆滑，便于鸟儿正常活动。

理喙

　　鸟儿的爪或是喙畸形，往往是因为生活方式发生改变引起的。鸟儿从野外生活变为笼养生活，首先改变的就是活动和取食方式，笼养会让它们的爪或喙与外物的摩擦减少很多。

　　有些饲养者供给饲料不当或是一些其他原因也会导致鸟儿的喙过度延长甚至变形，这会妨碍它们取食，进而影响身体健康。因此，要及时对鸟喙进行修整，找到致使其变形的原因，从根本上解决问题。

修整鸟喙

1.需两人配合。一人用手圈握鸟体，用手指固定鸟的头部和爪。

2.由另一人用锋利的小刀从鸟喙的边缘部分逐渐向尖端部分削，削时要遵循"薄而多次"的原则，防止因一次削得过深造成出血。

3.削完后用细锉或细砂纸轻轻摩擦削剪处和一些有棱角的地方，使棱角圆滑，方便鸟儿正常进食。

PS：每次削喙的时间不宜过长，一般3~5分钟，如一次削不完，应该等到第二天再削，让鸟儿有足够的时间恢复体力。

羽毛的
美化和整理

我们常常可以看到鸟儿在整理羽毛，毕竟"人靠衣装，鸟靠羽装"。如果遇到它的羽毛光泽淡化或是羽毛不完整的情况，我们应该怎么处理呢？

POINT 健康与营养

如何美化鸟儿的羽毛

鸟儿要想美丽，美化羽毛是最重要的。而要想有光鲜靓丽的羽毛，保证鸟儿的健康是基本，选择合适的饲料是关键。食物不仅要营养均衡，还要多样化，除了饲喂颗粒料配方食品外，平时也要给鸟补充一些天然色素饲料，以保持或增加观赏鸟羽毛的色彩。

天然色素饲料： 指没有经过化学合成的天然动植物饲料，包括昆虫、藻类、蔬菜、水果等，其中胡萝卜、红藻、西红柿、红叶菜、葡萄、西瓜、草莓、枸杞子、胭脂虫等使用较多。

喂养方法： 天然色素饲料有多种饲喂方法，可以根据不同的品种相应地采用不同的方法。一般可以直接饲喂，也可切块、切条、切丝、榨汁、烘干磨粉、蒸熟饲喂等。

如何整理鸟儿的羽毛

当遇到鸟儿的尾羽或飞羽折断、残缺的情况，可以先观察鸟儿的体质强弱情况、整体观赏效果，再依据实际情况进行修整。

如果不是非常重要的观赏部位的羽毛受损，或是只损伤一两枚羽毛，不影响观赏效果的话，可以直接从羽毛的羽基处剪断，到了换羽期的时候羽毛就会自动脱落更换。如果是主要起观赏作用的羽毛折损，可以在鸟体健康无病的情况下，让专业人员强制换羽。如果因损害严重需要拔羽，应先观察该羽毛的羽基是否有损伤，确定是正常健康之后再进行拔羽。

　　拔羽的时候用左手轻轻圈握鸟体，同时拇指和食指按压住要拔掉的羽毛基部的上下皮肤，然后用右手的拇指和食指捏紧受损羽毛的根部，向羽基垂直方向猛一使力即可拔除。切记拔羽时不能上下左右摇晃受损羽毛，这样会造成羽毛基部损伤和发炎。如果鸟儿需要拔除的羽毛过多，就要分多次进行，每次1~2根即可。第一次拔除以后，要观察鸟儿是否有不舒服的情况，如果它的活动、精神、进食及消化都正常，可以隔3~5天后进行第二次拔羽，否则就要延长间隔时间。

　　鸟儿拔羽后，矿物质饲料和红色、黄色及绿色饲料应多供给些。注意：营养要全面丰富且易于消化，不要让鸟儿吹风受寒。一般健康的鸟体4~5周后就可生出新的羽毛啦！

换羽及换羽期

  在正常的生活情况下，每年的繁殖期结束后鸟儿都会进行换羽。因为气候等因素每个地区的鸟儿换羽时间都不一样，例如北京地区的鸟儿就是七八月份时进行换羽。换羽期的鸟儿主要表现为羽毛脱落，最先脱落的是尾羽和飞羽，之后才到其他部位的陈羽脱落和重生。除此之外，鸟儿还会停止鸣唱，活动量明显减少，如果有争偶情况发生，鸟儿们会停止格斗。饲养管理得较好的健康鸟儿，从陈羽脱落到全身新羽长齐一般会历时40～50天。

换羽期注意事项

　　换羽期的鸟儿由于羽毛会在较短的时间内脱落和重生，且新生的羽毛会引起鸟体一定的不适感，所以饲养者要更精心地护理。不要随意改变饲养环境，例如突然改变饲料种类或者远距离运输等，这样很容易使鸟儿患病甚至死亡。尽量让鸟儿生活在一个安静、通风但没有强风、穿堂风的环境下，并且这时期就不要给它们洗澡了。饲料投喂方面不宜有太大的变化，但换羽期的鸟儿比非换羽期的鸟儿所需营养要多更多，可以适当增加些易于消化、富含蛋白质和矿物质的饲料，更有利于羽毛的重生。对于喜欢吃昆虫的鸟儿，我们可以在这个时候适当增加饲喂量，青菜叶、黄色及红色的饲料都可以喂一点，对重生羽毛的色彩光泽有帮助。总之，饲料可以多样混合饲喂。在保证鸟儿营养全面的同时，护理也要更为精心。

PART 04

让鸟儿学会
更多技能

有些鸟儿长得十分讨人喜爱，羽毛多彩鲜亮，令人赏心悦
目。但如果鸟儿会一些技能的话是不是会让主人更加自豪
呢？接下来就让我们一起走进鸟儿的训练世界吧！

循序渐进的遛鸟法

遛鸟是一种休闲娱乐的活动，在给人类带来快乐的同时，对鸟儿的身心健康也是非常有利的。鸟儿天生胆小，害怕外在事物，所以我们在遛鸟的时候一定要循序渐进，让鸟儿慢慢接受。

POINT 一步接一步
"三步走"策略

第一步：当鸟儿已经适应在笼子里的生活时，我们就可以开始遛鸟啦！在去遛鸟的路上要在鸟笼上罩上笼罩，到达遛鸟目的地后先找一个树枝较为茂密的地方把鸟笼挂起来，要一直维持一个较为阴暗的环境让鸟儿有安全感。

第二步：挂鸟笼的时候要注意高度不能太高，以让鸟儿可以看见周围的环境为准。刚开始可以先不打开笼罩，让鸟儿熟悉一下环境。等过几天鸟儿能够在罩着笼罩的情况下吃完食物后我们再将笼罩打开，待其进食半小时后要观察笼垫上是否有粪便，如果没有或太少，就可以先罩上笼罩把鸟儿带回家。

第三步：当鸟儿能在挂鸟处不乱蹦跶并且能够正常进食排便了，就说明鸟儿已经渐渐适应了遛鸟地的环境。这时候，鸟儿的胆子渐渐大了，我们就可以将鸟笼挂在四面都没有遮挡的树干上，往后遛鸟要逐渐往热闹的地方走，鸟市自然最好。

遛鸟的技巧

　　遛鸟可以选在车少人少、比较安静的早晨，一开始遛鸟时间不能过长，当发现笼垫上粪便够多时我们才能延长遛鸟的时间。在经过"三步走"策略后，我们去遛鸟的路上就可以在鸟笼上只罩一半笼罩或是不罩笼罩。去掉笼罩遛一天鸟儿比罩着遛一个月的效果还棒哦！刚开始鸟儿可能会因为没了笼罩不习惯会乱蹦两下，这是很正常的现象。每只鸟儿的情况不同，也有胆大的鸟儿在去掉笼罩后一点也不害怕。遛鸟时记得随身携带一些面包虫，喂虫时要让鸟儿逐渐地适应用手托笼喂的方式，注意不要让鸟儿撑着哦！

不同季节遛鸟的区别

遛鸟主要在春、秋两季，不同季节遛鸟会得到不同的效果。秋天遛鸟主要是为了练鸟儿的胆量，让鸟儿不怕人，不怕糟乱的环境。而春天是个万物生长、生机勃勃的季节，在春天遛鸟除了可以增加鸟儿的胆量以外最主要的是为了给鸟儿提性。

春天遛鸟应该尽量往鸟多的地方去，但挂鸟笼的时候不要挂在比自己家鸟儿旺的鸟笼旁边，会影响提性效果。我们要考虑自家爱鸟的上性情况和附近鸟的上性情况再选择挂笼地点。例如颜值较高的靛颏鸟，它们相互之间就会攀比鸣叫，这样对鸟儿的身体无益。春天因为昼夜温差比较大，所以这个时间切记不要遛鸟溜得太早，不然很容易压性，对鸟儿发育不好。遛鸟前也不要给鸟儿洗澡，春风一吹鸟儿很容易生病。

让鸟儿
自己回笼

鸟类天生渴望自由，长时间待在笼子里的话可能会闷闷不乐导致生病。可是主人一般都会担心鸟儿飞出去后就不回家了，这时候我们就要训练鸟儿飞出去后能自己再飞回来。

训练方法

幼小训练：俗话说得好，"一切要从娃娃抓起"，训练鸟儿也是这个道理。一定要选择在雏鸟期进行训练，因为成年鸟各种秉性已形成，我们很难再改变它的生活习性。

美食诱惑：平时给鸟儿爱吃的饲料，接受训练时只喂食半饱，等它回笼之后再喂食更多它喜爱的食物。

技能训练：刚开始做训练时为防止鸟儿飞失，可以先在较为封闭的室内放飞它，等它学会自主回笼后，我们再把训练地点移至室外。如果担心一开始不好控制，我们可以在其中一只鸟腿上系一根细尼龙线，绑的时候注意力度不能太大，线要逐渐变长，待一段时间后，鸟儿可以飞回自如就可以去掉细线了。

本性训练：大多数鸟儿都很忠于爱情，不然名句"在天愿作比翼鸟"也不会流传至今了。根据这一本性我们在训练一对鸟时可以只放飞其中一只，将它的"另一半"留在笼中，这样放飞的鸟儿就会因为恋着对方而选择回笼。

空中接物

空中接物就是将物体抛出，鸟看到物体条件反射般飞出去用嘴接住的技艺。这种技艺一般适用于嘴型较大的鸟类，比如蜡嘴雀。

POINT 用食物代替弹丸
训练方法

1.训练时让鸟儿处于半饥饿状态，刚开始用苏子、麻子等鸟儿爱吃的粒料代替弹丸，在鸟儿嘴巴和眼睛前来回摆动逗弄引诱其啄食，但不可以给它吃到，然后将食物抛向鸟儿眼前上方的空中让它去啄食。

2.当鸟儿第一次成功接食后，3天内都应该以抛投食物为主要方式去训练它，直至它可以熟练接取。

3.待鸟儿可以熟练接取食物后，我们就可以用回弹丸了。当鸟儿接到弹丸并发现不是食物时，我们应该迅速喂食其喜爱的食物以表示奖励。

4.当鸟儿形成接取弹丸就可以换食物的意识后，我们可以试着将弹丸抛得更高、更远些，或者把弹丸的数量增加到两颗，做加强训练。比较聪慧机智、身体机能较好的鸟儿一般可以飞到8~10米的高空接取2~3颗弹丸。

PS：这项技能的训练和表演只能在秋、冬季和早春进行，不适宜在鸟儿的繁殖期前后和炎热的夏季进行。

平衡技艺训练

秋千是考验鸟儿平衡技艺的最佳选择。荡秋千的训练其实就是为了让鸟儿形成一种条件反射，即鸟儿站在秋千架上，头部左右摇晃就可以吃到喜爱的食物。

POINT 鸟儿左右摇摆脑袋

训练步骤

1.让鸟儿保持在饥饿状态，用食物引诱它站立到秋千上，同时要轻轻摇晃秋千架，幅度不能太大，力度要循序渐进，直到鸟儿可以不惊慌地站立到秋千上。

2.当鸟儿可以安稳站在秋千上时，我们可以手拿饲料稍稍远离鸟嘴，鸟儿就会头部前倾去啄食，进而会带动秋千摇晃。每当秋千晃动、鸟儿不安时，我们就可以及时喂它点饲料安抚情绪。

3.经过多次训练，鸟儿就可以习惯这种摇晃。当秋千摇晃时，我们要故技重施，手抓食物交替放置于鸟儿的左右两边，这时候它也会跟着把头左右摇摆，同时也会带动秋千左右晃动，看起来就好像鸟儿在荡秋千。

让鸣叫声更婉转动听

鸟中的"歌者"有很多，比如画眉、百灵等。但这类鸟儿如果不进行鸣唱训练的话，它们唱的歌也是很要命的。因此，教会鸟儿发出更加动听的歌声对家人与附近居民都非常重要哦！

POINT "老师"不间断训练
训练方法

当鸟儿可以发出比较高昂的叫声时就可以进行训练了。选择一个较为安静的地方作为训练场地，室内或旷野郊区都可以。一般在清晨进行，因为这时候的鸟儿精神最好，注意力也比较集中。

训练时要罩上笼罩，在笼子旁边放一只已经调教好的"老师"来领叫，也可以用录音机播放优美的鸣叫声。坚持每天不间断地训练，一般几周后鸟儿就可以学会多种鸣叫声，甚至是有序地连续鸣唱。时间长了，有些聪慧的鸟儿还能学会一些简单的歌曲哦！

PS：如果你要训练两只以上的鸟儿，建议单笼分开训练，以免它们互相影响。还有鸟儿在学鸣叫时，可能会因为周围环境的关系学一些脏话，这个必须要杜绝。首先，我们要以身作则，千万不要在它们面前爆粗口。其次，当发现鸟儿说脏话时，我们要马上纠正。方法是在鸟儿爆粗口时用筷子、手势或其他声音告诉它不能这么说，如此反复，一般都能纠正鸟儿的这种行为。

手玩鸟
如何练成

手玩鸟就是能站在主人的手上、肩上愉快玩耍的鸟儿。可以被调教成手玩鸟的品种有百灵、黄雀、白腰文鸟等。

训练步骤

1. 在小鸟刚出生12～13天、羽毛长到6～10mm时，主人就可以挑选出相对健壮的雏鸟放在一个笼子里亲自饲养。要注意饲养雏鸟的环境温度需控制在15℃以上。

2. 准备一些小米粉、少许蛋黄、切碎的嫩叶、钙片，统统倒到一个碗里搅拌均匀，慢慢加水搅拌至糊状制成雏鸟饲料。主人可以用一只手圈握住小鸟身体，手指固定它的喙部，另一只手用小勺舀少量饵料喂食。刚开始小鸟肯定是不习惯这类喂食方式的，会略有挣扎，多尝试几次小鸟就会乖乖吃饭了。

3. 间隔两个小时主人就要给小鸟喂一次饵料，直到晚上十点。在喂食之前主人应发出呼唤指令，例如口哨或是特定的话语，但不可以随意改动。时间长了小鸟就会形成条件反射，听到主人发出指令就会自发去找寻主人或跳到主人手上。

4. 等小鸟长大一点可以自行啄食之后，就可以改用水泡过的小米粒做饲料，也不用掰着它们的嘴用勺子来喂食了。

PART 05

鸟宝宝的培育

鸟儿和人一样，在成年后会对爱情生活充满无限的向往。
如果你的情况不适合鸟儿孕育后代，那么在鸟儿的繁殖期
内就一定要关注好鸟儿的情绪，必要情况下带它去专门的
宠物医院做结扎。如果你想给予你的鸟儿完整的"鸟生"
生活，那就一定要学习鸟儿的生理知识。

安能辨我
是雌雄

想要成功地拥有鸟宝宝，要学会的第一件
事就是辨别亲鸟的性别，再视情况做选种配种。

POINT 四个基础辨别法

辨别方法

羽毛辨别法：仔细观察鸟儿的羽毛，一般雄鸟羽毛更为鲜艳光亮，而雌鸟羽毛偏暗淡些。此种方法适用于羽毛颜色差异较大的鸟类，比如孔雀、雉鸡、黄雀、燕雀等。

鸣声辨别法：叫声丰富、动听的是雄鸟，而声音单调、平凡的就是雌鸟。此种方法适用于爱鸣唱的鸟类，比如画眉、八哥等。

触摸辨别法：双手戴上薄的橡胶手套，用手指去触摸鸟儿的交配器，一般雄鸟的较为明显。注意动作一定要快，力度要轻，此种方法适用于鸵鸟、鸭、鹅等鸟类。

翻肛辨别法：这种方法比较适用于刚孵化出来的雏鸟。大多数的鸟类是没有外生殖器的，只有3％的雄鸟有较为明显的螺旋形生殖器。在触摸前应该戴上薄膜手套，将鸟儿的泄殖孔（即肛门）翻开，仔细观察其生殖器是否突起。如果较为尖细、呈锥形，就是雄鸟；如果较为平整、呈圆形，则为雌鸟。

有一些养鸟时间较长、经验丰富的饲养者是可以通过观察鸟儿的体形、眼睛、嘴形、眉形、羽毛等细微差别分辨雌雄的。他们总结出了"十看一摸二听"的方法，此方法特别适用于百灵鸟。

POINT　"十看一摸二听"
"十看"

一看头：头较大，后脑勺明显，嘴边较宽的是雄鸟。 头较小，后脑勺不明显甚至没有，近嘴处较窄的是雌鸟。

二看眼：眼睛大，比较有神，两只眼睛离嘴角较近的是雄鸟。眼睛小，比较无神，眼睛和嘴在一条直线上，两只眼睛离嘴角较远的是雌鸟。

三看眉：眼眉是辨别雌雄的主要标志之一。颜色较浅或呈白色，范围较宽，又粗又长，眉线一直延伸至后脑勺甚至相连的是雄鸟。眼眉短粗，颜色不鲜明甚至中间有间断，在后脑勺处不连通的是雌鸟。

四看腿：腿长且比较粗壮的是雄鸟。腿短且比较纤细的是雌鸟。在观察时应顺带检查一下鸟儿的足趾是否呈内八字或伸不平，并注意是否有受伤、断裂等情况。

五看嘴：嘴粗且长，啄食较为有力的是雄鸟。嘴又细又短，啄食没力气的是雌鸟。

六看翅：观察鸟儿翅膀上的白色飞羽。有6～12枚较为净白又有光泽的白色飞羽的一般为雄鸟，而数量不足6枚且没什么光泽的为雌鸟。

七看黑颈圈：在百灵鸟前颈下有一道呈半圆形的黑色羽毛，称为"黑颈圈"。黑颈圈长而宽、颜色深而发亮的是雄鸟，黑颈圈短而窄且没有什么光泽的是雌鸟。

八看口腔：当雏鸟感到饥饿时，会一边叫一边张开嘴，这时就可以看到它的口腔，我们可以仔细观察它口腔的颜色及喉咙大小。颜色发红且喉咙大的是雄鸟，颜色发黄且喉咙细小的是雌鸟。

九看雏鸟头缩与挺：将雏鸟圈握在手中，用拇指去戳雏鸟的头颈部。总是直挺挺、躯体不往后缩的是雄鸟。相对来说雌鸟会比较害怕，头会往后缩，躯体会往手里退。

十看雏鸟在窝中的位置：一般雄性雏鸟是较为怕冷又怕热的。夜晚时，雄雏鸟会钻到窝底去靠近雌雏鸟，借其体温来温暖自己。而在中午，因巢底较为闷热，雄雏鸟又会跑到上面来通风。

POINT "十看一摸二听"
"一摸二听"

一摸：触摸鸟儿全身，从头顶中央往下触摸，骨质发硬，感觉到有隆起的高棱的是雄鸟，而雌鸟一般都是软绵绵的。

二听：百灵鸟在雏鸟期就可以单声鸣叫，但是相对来说雄鸟会叫得更洪亮好听，雌鸟就叫得比较低沉且不悦耳。当换羽期结束后，小百灵就开始拉锁了。一般来说雄雏鸟拉锁会更早些，声音有高有低，如果明显能听出打嘟噜声，那基本可以确定是雄鸟了。雌鸟拉锁一般只能发出几个单调的直音，类似于小麻雀的叫声。

　　特别要注意的是，"十看一摸二听"要综合分析，既不能只凭一项来判断，也不能要求全部符合，只要大体特征符合便可以判断雌雄。比如有的雏鸟有9枚白色飞羽，但两眉在头后相连，腿也很健壮，就是稍矮一些，也基本可以断定是雄鸟。

选种和配种

　　鸟类达到性成熟的时间是不同的。一般小型的雀形目鸟类9~12个月后即可达到性成熟，个别大型鸟就要稍晚一些。亲鸟的品质直接决定了雏鸟的质量。为了培育出品种优良、观赏价值更高的鸟儿，选种和配种必须要严格把关。

选种

　　在鸟儿出生直至性成熟这段时间，我们可以进行两次选种。第一次在鸟儿的雏鸟期，把体形匀称健壮，羽毛丰满有光泽，眼睛大而有神且微微向外突出，腹部干燥紧致，脚爪结实有力，比较活泼好动、反应敏捷、声音洪亮的先挑选出来进行饲养。待鸟儿快要达到性成熟时就可以进行第二次挑选了，把羽毛颜色较为华丽有光泽，善于鸣唱，没有疾病和伤残，体格壮实较为健康的挑选出来，按雌雄分类，放到不同的笼子里精心饲养。等到鸟儿们性成熟后，就可以在繁殖期进行配种了。

配种

　　一般是一只雌鸟配一只雄鸟，雄鸟年龄可以比雌鸟稍大一些，例如2岁的雌鸟配3岁的雄鸟。配种时禁止近亲交配！否则会造成新生的雏鸟体弱、畸形、不健康等问题。为了防止它们自由婚配，当鸟儿成年后就要分笼饲养。这是保证后代品质优良、避免品种退化的有效手段。

　　鸟类的交配常常是有选择的，所以它们会出现追逐、打斗等现象。为了使配种更容易成功，我们可以先把雄鸟放入一个专门做繁殖用的笼子内饲养，等它进入发情旺盛期时，再把雌鸟放入笼内。此时，雄鸟就可以在熟悉的环境下更快地征服雌鸟，使交配成功。如果雌鸟特别凶猛，雄鸟不能取胜，我们就可以把雌鸟的一只翅膀用软绳绑住，让它没有格斗能力，待交配完成后，再把软绳解开，如果还是不行就只能换鸟了。

POINT 新型培育方式
杂交

    杂交是培育新品种的方法之一。同样的，从雏鸟期开始挑选，应选择个头较大、活泼好动的鸟儿作为实验鸟，从小给予"特殊"照顾。等雏鸟长大后，把体形匀称健壮，脚爪无伤残受损，健康活泼的鸟儿挑选出来作为亲鸟。把选定的亲鸟同笼喂养，等待繁殖期交配，具体方法与配种相同。杂交培育的鸟儿羽毛丰满整洁，颜色艳丽纯正，食欲较为旺盛，排出的粪便不湿润呈条状，如是雄鸟，鸣叫声清脆洪亮、婉转悠扬，更胜于亲鸟。

人工育雏

  很多成鸟被捕后再由人工饲养是很难成活的，我们若是能够从雏鸟开始饲养，那么将来驯养会取得事半功倍的效果。饲养鸟宝宝是繁殖工作的重要环节，同时也是一件极需要耐心的工作。很多在人工饲育环境中繁殖的雏鸟都晚成性，看不见也不能自行取食，如八哥、鹩哥、白玉鸟、灰文鸟、五彩文鸟、金山珍珠等。为了提高它们的成活率，我们可以早一些将雏鸟从巢内取出，与亲鸟隔离，另外进行人工育雏，这样也方便让鸟妈妈与鸟爸爸再次营巢产卵，可以大大增加较为珍贵的品种的繁殖数量。

绒羽期

鸟宝宝出壳 1～7 日期间为绒羽期。此时鸟宝宝眼睛尚未睁开，也没有形成真正的羽毛，全身都是些稀疏的绒毛般的雏羽，头部可勉强抬起，只能张嘴乞食却不能发出声音，吃完东西后会弯曲颈部睡觉。这时期的鸟宝宝其实最难饲喂，成活率极低。

绒羽期的饲料调配比例为玉米粉或豌豆粉：熟鸡蛋黄：青菜泥＝1：4：5。全部食材搅拌均匀至浆糊状，用竹扞喂食。轻轻敲击或摇晃雏鸟们的窝，它们就会抬头张开嘴巴，这时就用竹扞挖一点饲料塞到鸟嘴里，注意：喂食时，动作必须又快又稳，否则鸟儿就会闭嘴曲颈。当喂食不成功时，可以短暂休息后重新再来。

绒羽期的鸟儿体质很弱，不能够长时间地抬头张嘴吃饭。所以需要按顺序逐个喂食，保证每只雏鸟都能够吃到足够的食物。千万不可以有漏喂，否则就会造成雏鸟日后体弱、发育不良甚至是死亡的不良情况。

当雏鸟颈部右侧明显突起，雏鸟不再张开嘴巴讨食的时候，就算是喂饱了。一天的饲喂次数应为 6～8 次，每隔一两个小时就喂一次。第一次饲喂应该在早上6点以前，最后一次饲喂应该在晚上8点半之后，夜间停喂时间最好不长于10个小时。具体情况饲养者可根据雏鸟的种类、健康、食欲、消化等状况自己掌握。

针羽期

　　一般雏鸟出壳后8～11天就可以睁开眼睛，体羽开始出现羽轴，但羽轴顶端的羽毛还未长出，整个体表皮肤呈现蓝灰色。此阶段为雏鸟的针羽期，时间很短，一般不会超过4天。

　　在针羽期的雏鸟，食欲开始旺盛起来，食量越来越大，双眼已睁开，有时雏鸟会相互争食，因此，在饲喂时要更加仔细，不能漏喂，也可以在它们身上做些标记方便自己辨认。如果发现特别体弱的雏鸟，抬头时间很短，没吃几下就低头休息的，应单独照料，精心饲喂，让它尽快强壮起来。

　　我们可根据雏鸟种类的不同，将针羽期的雏鸟饲料归为两类。一是针对体型小的种类，如百灵鸟、白玉鸟、灰文鸟、五彩文鸟、金山珍珠等。按照玉米粉：豌豆粉：熟鸡蛋黄：青菜叶＝1：1：5：3的比例取材料，将青菜叶剁碎至出汁再加入其他材料研磨至黏稠的浆糊状就可以了。若青菜出汁不够，可加入少量开水调稀，这样饲喂更方便，在针羽期的鸟儿是吞不了过干的饲料的。二是针对体型较大的种类，如八哥、鹩哥、黄鹂、星鸦、松鸦、红嘴山鸦等。按照玉米粉：豌豆粉：熟鸡蛋黄：鱼粉或蚕蛹粉：青菜叶＝1：2：3：2：2的比例取材料加适量水混合均匀，并研磨成糊状就可以了。在针羽期，雏鸟的饲料中还可加入适量的蛋壳粉、骨粉或钙粉，增加矿物质的摄入量，避免雏鸟得软骨病，添加比例可按干饲料总量的1.5%～3%来添加。

　　在此期间，每天的第一次饲喂应提早到早上5点半之前，最后一次饲喂不得早于晚上8点。隔两三个小时喂一次较好。

正羽前期

发育正常的雏鸟，出生后12～24日期间为正羽前期。这个时期鸟儿体表的羽毛开始长出，羽毛尖端为铲形。体型也较绒羽期大数倍甚至十几倍，并开始有移动体位的能力。在此期间的饲料，小型鸟类可按照玉米粉：豌豆粉：熟鸡蛋黄：青菜叶＝4：1：3：2的比例来饲喂；大型鸟类可按照豌豆粉：鱼粉或蚕蛹粉：青菜叶＝6：2：2的比例混合研磨至糊状饲喂。大型鸟类也可用鲜鱼：豌豆粉：青菜叶＝4：5：2的配方饲喂。

正羽前期的雏鸟可以每隔三四个小时饲喂1次，在饲喂后，可以根据具体情况喂少量清水。每天第一次饲喂在早上5点半以前，最后一次饲喂在晚上8点以后。

正羽后期

　　鸟儿破壳25～35日期间为正羽后期。这个时期的雏鸟正羽已经完全长出来了，但还是有少量绒羽夹杂其中。它们大多数已经可以自行活动甚至离巢，所以可以放入笼子内饲养。投喂时还是以人工饲喂为主，但我们可以试着将饲料及饮水放到笼子里的食具里，训练它们自己取食。

　　在每次喂食前，可以先用竹扦挑点食具里的饲料轮喂它们，但不要喂饱，要留有一点饥饿感。在这过程中要不断逗引它们看向食具，让它们知道食物在哪个位置，学会自己取食。这个时期的饲料也可以慢慢更换为成鸟的饲料，可根据鸟儿的食性添加些粒料和昆虫类饲料，也可以在粉料中添加些苹果泥，给它们补充些维生素，也更利于消化。

齐羽期

破壳35日之后为雏鸟的齐羽期。这个时期鸟儿的羽毛已经完全长齐，体格比较健壮，活泼好动，有些还具备了飞翔能力，已经可以独立生活了。但它们仍旧是雏鸟，与成鸟相比它们的羽毛颜色还没有足够艳丽，鸣唱也不够婉转动听。

齐羽期的鸟儿在饲料喂养上可以和成鸟一样。一些有特别技能的鸟儿也可以在这个时期开始技能训练，例如训练画眉、百灵、白玉鸟等鸟儿的鸣唱和八哥、鹩哥的人语学习。

育雏期的管理

人工饲育的鸟宝宝，对饲养环境等方面都有一定的要求，达不到这些要求，饲养出来的成鸟就会不理想，下面就介绍一些饲养者必须严格遵循的管理要点。

POINT 不要随意更改
质量稳定的饲料

育雏期的鸟儿饲料不可以随意更换种类或是改变配方，因为这段时期它们的消化系统还没有发育完全，很难适应不同类型的饲料。

要想知道鸟儿消化是否正常，我们可以仔细观察下它们排出的粪便。如果粪便呈长条形，颜色与饲料一致，且表面附着一层光滑的黏膜，说明鸟儿消化正常，且健康状况良好。

如果粪便是不成形、湿稀松散的，甚至污染了鸟宝宝的身体和鸟巢，说明它是消化不良的。遇到这种情况，就要及时查明原因并改正，也可以在饲料内加少量助消化的药物，并且加强观察与护理。

除此之外，可以在饲料中添加少量的骨粉、钙粉或墨鱼骨粉，补充钙、磷等矿物质，这对鸟儿的发育及骨骼生长都有好处。

适宜的环境温度

　　幼鸟出壳后，由于羽毛还没有生出或不够丰满，是不能保持和调节体温的。这时候亲鸟一般会伏在鸟巢内，用自己的体温温暖雏鸟，人工育雏时就需要人为地维持鸟儿所需的环境温度。

　　实践证明，环境温度最好保持在25～32℃。雏鸟的日龄与环境温度是成反比的，日龄小则温度要高，日龄大则温度要低。可以把雏鸟连同育雏巢都放入小温室、保温木箱、电热温箱或暖炕这些地方，方便保温。在保持恒温的同时还要注意通风，并提供适宜的光照。待正羽后期雏鸟的羽毛逐渐长齐，能够自行调节体温去适应周围环境变化时，人工环境温度就可以逐步降低了，这样更有利于鸟儿日后适应自然温度以及羽毛的早日丰满。

POINT　把握环境的干湿度

干燥的育雏环境

　　我国南北各地均有多雨时期，特别是长江流域的梅雨期。这时的环境湿度往往过高，我们应该尽可能地保持雏鸟生活环境的干燥、通风，要经常清理育雏巢中的粪便等脏污。

　　当环境湿度较大时，育雏巢也要勤换洗，并在天气好的时候拿出来晾晒。紫外线是有消毒作用的，可以防止育雏巢滋生寄生虫，特别是螨虫，因为螨虫太多会导致雏鸟瘦弱、贫血及死亡。

POINT　勤清洗育雏巢

清洁卫生

　　要使雏鸟更好地生长发育，我们必须要保持其成长环境的整洁卫生。每次喂食之后，我们都可以用些脱脂棉或纱布蘸取少量温水来轻轻擦洗鸟儿的嘴和身体，主要是为了清除一些饲料残渣，育雏巢内的粪便及污物也要及时清理。

　　正羽后期时雏鸟就可以被移出育雏巢放到适宜的笼子内饲养了，也可以设置些粗度及高低适合的栖架，做一些休息和取食的训练。同时也可以在笼内垫些细沙，供雏鸟取食，也有助消化。

PART 06

维护爱鸟的健康

通过前面的介绍相信大家对养鸟都有一定的了解了，现在
让我们来聊聊鸟儿的健康问题。鸟儿如果生病的话，精神
萎靡，没有生气，就再也不是你家那个讨人喜爱的小宠物
了。了解鸟儿疾病的种类、治疗、防护以及一些常见药物
是每个养鸟人必备的技能哦！

常见疾病与防治

　　鸟儿的疾病种类虽然没有人类那么复杂，但是依旧很多，下面就列举一些鸟儿常患的疾病和防治方法，仅供各位鸟友参考。如果发现鸟儿不对劲，又是初次养鸟没什么经验，一定不要纸上谈兵，自作主张地给鸟儿随便用药，应该及时就医。

天气改变，生活环境不好

鸟儿对饲养环境不适

● 感冒

气温骤变，环境潮湿，或是在给鸟儿洗澡时温差过大都有可能使它们感冒。主要症状是精神不振，不想活动，鼻子会流鼻水，有些还会咳嗽，双脚冰冷。当发现鸟儿感冒时，我们可以在它的饮水中加入一些葡萄糖和2～3mg的土霉素或金霉素，和一些抗生素类药。然后把它连同鸟笼一起放到稍微通风、光照充足的地方，让它晒晒太阳。

● 肺炎

　　肺炎是感冒的后遗症，症状与感冒相似。得了肺炎的鸟儿会双目无神，呼吸急促，食欲不振，有些甚至会把自己缩成球状安静待在栖杆上。这时我们应该把室内温度控制在22～25℃，在饲料中加入些泰乐菌素辅助治疗。药量为饲料的0.05%～0.08%，每天1或2次，连服五天应该就会痊愈。晚上要把笼罩放下让鸟儿好好休息，平时在饲料中加点鱼肝油可以提高鸟儿的免疫力哦！

● 结膜炎

结膜炎一般是受细菌或霉菌感染引起的。鸟笼食具清洁不到位，生活环境中有蚊虫都有可能被感染。主要症状表现为眼睛结膜潮红，一只眼睛肿胀紧闭，会分泌一些透明液体，有些严重的双眼会不断流泪，看不清东西。

当发现鸟儿出现这种症状时，我们要赶紧把它转移到较阴暗的地方，减少光线对它眼睛的刺激。然后用1%～2%的硼酸溶液冲洗它的眼睛，如果没有硼酸也可以用0.7%的生理盐水代替，再把金霉素或土霉素等眼药膏涂抹到患处，也可以将它们调制成眼药水滴入鸟儿的眼睛里，每天 3～6 次直至恢复正常。

● 支原体病

　　寒冷的季节容易发此病，如果生活环境不洁，鸟儿也很容易被尘埃中的支原体感染。主要症状表现为精神忧郁，食欲不振，眼睛会分泌带泡沫的液体，鼻子会流出黏液，时不时会摇头。支原体病属于慢性炎症，药物的治疗效果很慢。如果鸟儿不幸患上此病，我们可以每天用红霉素按20～30mg/kg的剂量分3次拌在饲料中喂食，也可以用洁霉素，剂量是30～60mg/kg。其实支原体病很难根治，最好事先做好预防，例如每年给鸟儿做一次检查，平时鸟笼勤清洗消毒等。

● 伤热

　　伤热多发自雏鸟。在换羽期之前，如果把多只雏鸟放在温度过高或是不通风的地方就容易得伤热。得病的雏鸟鸟头两侧、头顶和颈部的绒羽会脱落，裸露鸟体，影响换羽。这时只要把它们转移到凉爽的地方，分开饲养，在饲料中加入些绿豆粉，症状就会慢慢得到缓解。

鸟儿吃得不好

● 肠炎

　　引起肠炎的原因可能是鸟儿吃的饲料变了质，饮水达不到需求量。主要症状表现为食欲减退，排出的粪便呈水样、不成形。当鸟儿肠炎发作，我们就可以用滴管灌喂它一些葡萄糖水或食盐水，每日2次，一次0.5~1ml。同时在饲料中拌入一些大蒜泥可以加快病情的好转。夏天的时候喂食鸟儿一些红茶可以预防肠炎。

● 便秘

　　长期饲喂一种饲料，缺乏青鲜饲料、脂肪性饲料的摄入，饮水不足都会让鸟儿便秘，但也有可能是肠道发炎、传染病、寄生虫病引起的。便秘的鸟儿尾部常常会抽动做排便动作，但没有粪便排出，或是排出的粪便比较干燥。一般只要调整食物的搭配就可以解决。严重的可以给鸟儿滴喂1~5ml的植物油，促进排便。

● 嗉囊积食

　　发生嗉囊积食时，鸟儿的嗉囊会膨胀变大，用手触摸可以感觉到里面有干硬的食物和液体。发病的主要原因是饮水不足，有些雏鸟在育雏巢内叼吃干草料或树枝也会造成此症状。

　　如果是发病初期，病情没有那么严重，可以喂食些酵母片或乳酶生帮助消化。如果较为严重，可以先轻轻按摩嗉囊，排出里面的液体，然后用导管灌入1%的生理盐水或1.5%的磷酸氢钠溶液冲洗嗉囊，再让鸟嘴朝下将冲洗液体排出。也可以直接灌入植物油来软化嗉囊里的积食，再轻轻往食道方向推挤，帮助鸟儿从肛门排出。如果这些办法都没有用，就要赶紧把鸟儿送去宠物医院让医生开刀处理。

● 外伤性肌胃炎及肠穿透

　　鸟儿误食铁钉或金属线一类的硬质金属就有可能造成外伤性肌胃炎及肠穿透。主要症状表现为消化不良、厌食、没有精神等，严重的会导致死亡。平时要多做鸟笼清理，防止笼内有金属异物，投放饲料时要注意不要混入小型金属块。

● 脂肪瘤

　　一般是由于投喂过多脂肪含量大的饲料，鸟儿运动量少，从而使其发胖引起的。脂肪瘤一般长在腹腔皮下，也有可能长在肛门处。病情较轻的可以多喂食些清淡的饲料，如青鲜叶，注意不要让鸟儿闻到烟草味和油烟味。病情严重的就带去宠物医院做切除手术。

● 消化道线虫病

　　主要发生在鹦哥、鸽子等喜吃昆虫类饲料的鸟类中。蚯蚓或其他昆虫类饲料很容易被感染上寄生虫，鸟儿吃了就会得消化道线虫病。症状表现为羽毛松乱，精神呆滞，食欲不振，不爱活动。随着病情的慢慢加重，鸟儿的羽毛会变得没有光泽，腹部皮肤呈现白色，它们甚至会出现呕吐、贫血等症状。治疗时用丙硫苯咪唑或甲苯咪唑片按体重20mg/kg的剂量注射到鸟儿体内或加到饲料里喂食，注射每日1次，如果是喂食可以每日2次。同时可以加喂适量的维生素B_{12}片，以增进食欲，一般8～12天可恢复健康。

鸟儿产蛋过于频繁

● 卵巢瘤

卵巢瘤只发生于雌鸟身上，具体原因不清楚，但应该与密集配对、产蛋频繁、服用药物导致的内分泌不正常有关。主要症状表现为腹部隆起，有积水，行动迟缓，呼吸困难等。可经过手术治愈，但之后不能再进行生育。

● 脱肛

　　脱肛发病的原因是运动不足，同性交配或是产蛋频繁也会导致外泄殖腔脱出肛门外。可以经过手术治疗，但有可能会复发，建议治疗后将鸟儿隔离，单独饲养。

POINT　受到撞击

鸟儿受到外力伤害

● 皮肤裂伤

因为鸟儿的生存空间有限，在活动的时候就很有可能受到撞击。轻微的撞击会使鸟儿脱毛瘀血，严重一点就会导致皮肤裂伤，嗉囊破裂，甚至是骨折。轻微瘀血可以涂抹去瘀血消炎药治疗，如果有开放性伤口就要进行手术缝合。手术后要严格消毒，精心护理，防止伤口感染；让鸟儿好好休息，避免运动，防止伤口再次裂开。

● 气囊破裂

    鸟儿的体内有很多个气囊，这些气囊具有调节体内气压、呼吸、温度、干湿度等功能。当鸟儿受到较大碰撞时就有可能导致气囊破裂、身体功能紊乱。例如颈气囊破裂，多余的空气就会蓄积在颈皮肤下进而形成气肿，阻碍呼吸。所以气囊破裂的鸟儿要尽快将体内多余的气体排出，最好可以隔离休息，避免运动，4~5天就会恢复了。

外伤的
处理办法

鸟儿可能会因为撞击、打斗或一些外力因素而造成一些外伤，当遇到这种情况，我们该怎么处理呢？

POINT 基础的用品准备

急救用品

我们平时就需要准备好一些应急的用品，以免到时手忙脚乱。可以准备一个小的急救箱，里面应该放有剪刀、镊子、棉花棒、干净的纱布、绷带、生理盐水、优碘、抗生素乳膏、外伤用的止血粉等用品。另外准备一双厚棉手套，避免鸟儿紧张之下啄咬人。此外，最好可以查询一下家附近的宠物医院，联系好一位经验丰富的医生作为你紧急时的支援。

止血

　　当我们发现爱鸟受伤时，不要紧张，先想办法稳定它的情绪，使它能够处于一个安静的状态让你处理伤口。接下来就是止血，通常会先使用压迫止血法，这种方法可以控制大部分的出血。具体操作是用一块干净的纱布盖在出血的位置上，用手指稍微用力按压，注意力道不可过大，毕竟鸟儿相对来说是娇小的，一不小心就会扩大伤口。一次压迫3～5分钟，第一次压迫完要检查还有没有出血，若是还有可以撒上少量的止血粉继续压迫。如果是胸部出血，压迫时不能紧压或紧握整个胸部，防止鸟儿因为不能呼吸而暴毙。如果出血的部位在喉部或眼睛，就不要使用压迫止血法了，赶紧在伤口处盖上一块用生理盐水浸泡过的纱布，马上送到宠物医院请医生处理。

检查伤势

血止住后要小心检查鸟儿的伤势。可以用棉花棒沾取清水或生理盐水将羽毛上的血迹轻轻擦去，千万不要使用酒精，酒精在挥发的同时会带走鸟儿身体的热量，使其体温下降过快。然后小心地拨开羽毛找出鸟儿真正受伤的部位，仔细观察伤口的大小及深度。如果只是伤到表皮并且伤口不大，那就不用太过担心。如果发现伤口过大，已经深入肌肉内里甚至伤到了内脏，就要赶快带着鸟儿去宠物医院交给医生处理。除了流血处还要仔细检查鸟儿的全身上下，尽量不要遗漏任何的小伤。

消毒擦药

　　如果鸟儿受伤较轻，我们可以先用棉花棒沾取生理盐水小心清理伤口，已经凝结的血块不要擦去，避免再度出血。然后用镊子把伤口里的羽毛和一些杂物清除，再用剪刀小心地把伤口周围可能碰到伤口的羽毛剪掉，使伤口暴露出来。最后用棉签沾取适量优碘或抗生素乳膏涂抹在伤口上，由内向外涂，要保证都擦在伤口上，不要只擦到羽毛。每天擦一二次。大部分的开创性伤口不需要做包扎，要避免鸟儿啄咬伤口。

后续处理

　　当伤口处理好之后要让鸟儿得到安静的休息，注意它的饮食、排便及精神状态。第一天的时候有些鸟儿可能会因为紧张而下痢或精神不好，但如果它第二、三天还有这种情况，我们就可以去找医生看看。每一次擦药时，都要注意看看伤口有没有化脓或发炎。做好事前准备，冷静细心地处理，就可以早日让我们的爱鸟恢复健康！

常见药物的认识与使用

为了方便鸟儿治疗，我们家里应备一些常用的药品。如果鸟儿得的不是很严重的病，我们就可以对症下药，自己动手治疗。

常用药物介绍

　　很多鸟儿的内服常用药主要是用来防治传染病、寄生虫病和营养性疾病的。因鸟儿有可能会受到外伤，所以除了口服药之外，还需要准备些消毒药品，以防出现问题时可以及时处理，下面是一些鸟儿的常用药。

　　鱼肝油：含有大量维生素A和维生素D，可治疗因缺乏维生素A、维生素D而引起的疾病，可以有效地预防软骨病，提高繁殖率。

　　石蜡油和蓖麻油：这两种药都可以滴在肛门或泄殖腔内作润滑剂，利于鸟儿的排泄或有助于产卵。也可以将一二滴蓖麻油滴入鸟儿的嘴里，对治疗便秘特别有效。

福尔马林（甲醛溶液）：福尔马林的杀菌力很强，很多人用它作鸟笼、鸟室或饲养舍的消毒剂。消毒前要加水稀释，浓度为5%～10%效果较好。

土霉素：抗菌谱很广，所以可以治疗很多细菌引起的疾病，例如细菌性肠道病、呼吸道感染等疾病，毒性相对来说也比较弱，安全性较高。

酒精：可用浓度75%的酒精对普通养鸟用具和养鸟者的手部做消毒。

碘酒：如果鸟儿局部受伤，可在伤口的位置涂一些碘酒做消毒。碘酒消毒作用很强且药效时间长，对防止受伤部位扩大感染很有效，对蚊虫叮咬引起的红肿发炎也很有疗效。

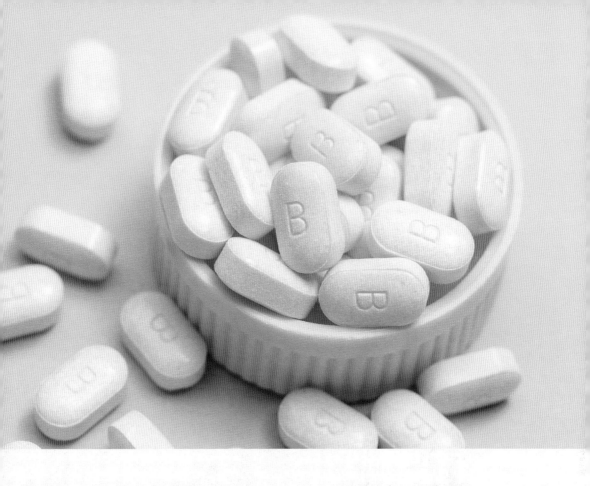

B族维生素：摄入一些B族维生素有助于鸟儿的消化和改善其食欲，还能预防因缺乏B族维生素而引起的疾病。特别是维生素BI（盐酸硫胺素），能治疗因缺乏维生素B_1而引起的神经炎、痉挛、食欲不振等病症。

PS：抗菌性药物不可以连续使用超过7天，否则有害成分很容易就会蓄积在鸟儿体内，导致其中毒，如果必须要用建议每次使用间隔2~3天。不是必须的预防性用药要尽量减少使用。滥用药物不仅会浪费钱，而且会破坏鸟儿体内消化道的正常菌群，带来健康问题。

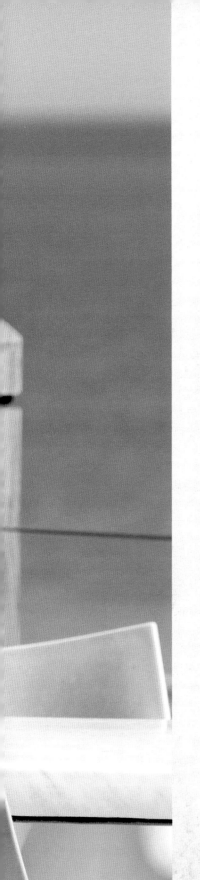

PART 07

关于观赏鸟，我猜你还想知道……

虽然前面已经介绍了很多关于观赏鸟的知识，但爱鸟人士

心中一定还有很多问题。我们把这些可能有的疑问整理了

出来，相信大家看完一定能把爱鸟照顾得更好！

哪些鸟会学舌

　　擅长学舌的鸟儿口腔一般都比较大，舌头较为柔软且很多都是短圆形的，性情相对来说比较温顺听话。例如鹩哥、八哥、鹦鹉等，这些鸟儿经过调教训练就可以学舌，特别是模仿人语，有的甚至还可以背诵简短的古诗呢！

鹩哥

　　鹩哥是较多人饲养的学舌鸟之一，主要分布在我国的广西、云南、海南等地。虽然能发出人音，但其实它的口腔和舌头的构造完全不同于人类。鹩哥的气管又细又短，而且没有声带，它主要是靠鸣管发声的。鸣管上长有特殊的鸣肌，鹩哥可以通过控制鸣肌来改变鸣管的形状，使鸣管产生颤动，从而发出频率不同的声音。鹩哥有高度发达的神经系统和良好的感觉器官，经过反复的条件反射，就可以比较清晰地发出人语。在调教鹩哥时，必须要有人来亲自教说，让它可以看着人的嘴型来学习，这样就会事半功倍。

八哥

　　八哥与鹩哥同属,在长江流域以南很常见,相对于鹩哥来说八哥更为受欢迎。八哥的舌尖有一块很硬的舌壳,对老一辈的人来说,教它学舌之前,是要先把这块舌壳去掉的。这个过程称为"捻舌",即在手指上沾些香灰,捏住八哥的舌尖来回捻,直到硬壳脱落,两周之后再捻一次,确认剩下的一层薄薄的不完整的膜掉下就可以了。其实这是没有科学依据的,八哥与鹩哥一样,是用喉咙发音的,与舌头没有任何关系。尽管捻舌时动作很轻,但八哥还是会感觉到疼痛的,它会因此而对人产生恐惧,进而不亲近人。

绯胸鹦鹉

　　绯胸鹦鹉在我国分布的范围比较广，也是鹦鹉中最多人饲养的种类之一。其雄鸟和雌鸟都可以学说人语，但总的来说它的学舌能力不是很强，鸣叫声也较为刺耳。但如果能在其幼年时期精心挑选后就进行训练，每天不断地对着它说话或用录音机播放录音，它们也能很好地模仿人语和其他鸟类的鸣叫声，甚至连雌鸟的"口技"也能十分出众。

非洲灰鹦鹉

    非洲灰鹦鹉的"口技"在鸟类中是十分超群的，据说它可以发出近 200 种不同的声音。这与它独特的发声器官密切相关。非洲灰鹦鹉的鸣肌十分发达，且左右两边是受不同的神经支配的，可以在不同的控制下一起发出两种频率完全不同的谐波，让叫声更加清晰、多变。加上它们的记忆力和模仿能力都很强，所以不管是人类还是动物的声音，它们都可以模仿！

鸟儿的智商高吗

　　别看鸟儿身体小小，脑袋小小，其实它没有看起来那么的简单。鸟脑的构造十分复杂，与哺乳动物非常接近。有研究报告显示，和其他动物相比，鸟类确实是比较聪明的。接下来就让我们来了解一下鸟儿那颗小脑袋里到底有什么超能力吧！

核心纹状体

　　鸟类的大脑皮层不是很发达，褶皱也没有哺乳动物的多，但它的核心纹状体却十分发达。核心纹状体位于鸟类大脑的底部，是鸟类本能习性和"学习"的中心处理器，这个构造的发达程度直接决定了鸟类智商的高低。

神经系统

鸟类的神经系统包括中枢神经系统和外周神经系统。外周神经系统是直接控制感觉器官的，这使它们拥有较高的记忆力，能够记忆不同的场景，也可以根据内外部环境的变化获取不同的信息，再进一步分析、反馈、储存这些信息。所以，鸟类可以学会很多高等哺乳动物的技能。

小脑和中脑

鸟类的小脑和中脑也是十分发达的。在飞行过程中，它们用小脑对肌肉进行精细调节，以保持动作的协调，中脑则直接控制着视野。由于鸟类是在高空视物的，所以它们的眼睛比其他脊柱动物的长得都要大一些。这让它们可以更加清晰地看见猎物，进而能在短时间内高速俯冲飞行后准确地抓住它。

鸟儿能活多久呢

　　我们要知道，动物的寿命是用这三种方式来表达的：可能寿命、最长寿命和平均寿命。

　　一般小型鸟的可能寿命是 5 ～ 10 年，像阿苏儿这样的小鹦鹉是 8 ～ 12 年，鸡尾鹦鹉有 15 ～ 20 年，亚马逊等中型鹦鹉是 20 ～ 50 年，至于金刚和巴丹这样的大型鹦鹉是 30 ～ 60 年。但不幸的是，若把早夭和病逝的鸟都加入计算，阿苏儿的平均寿命大约只有 2 年，而大部分的鹦鹉也只有 10 年左右。

多大年纪才能
算是老鸟呢

一般的算法是小型鸟在 5 ~ 7 岁的时候，大型
鹦鹉在 10 ~ 15 岁的时候就进入衰老期。也可以通
过观察鸟儿的生理状况，如行动开始变得迟缓，羽
毛渐渐失去光泽，体重慢慢减轻，对食品的偏好有
较大改变等，来判断鸟儿正在慢慢变老。

影响鸟儿健康的因素有哪些

　　和我们人类一样，影响鸟类健康的因素是多方面的，有可能是生活环境达不到标准，例如饲料营养不够全面、运动量不足，也有可能是心理不适一类的内在原因，例如与饲主关系不和谐等。

食物

　　食物的供给除了要注意营养的全面外，还要尽量避免一些含盐量高、热量高的食物。有些人喜欢在逗弄鸟儿的时候与它分享一些自己的吃食，这是没有安全保障的，你不知道这种食物适不适合鸟类，请尽量不要这样做。

生活状态

　　虽然我们没办法给鸟儿完全自然的家，但营养的吃食、干净卫生的环境、很多的游戏时间、经常性的野外活动、定期的身体护理、陪伴和宠爱都是我们可以做到的。让鸟儿保持在一个身心健康的状态，会让它们活得更久。

付出更多爱

　　进入衰老期的鸟儿有可能会得一些慢性病，例如关节炎、心脏病、肝硬化等，此时要多加留意它们的身体状况。这个时期它们的反应会慢慢变得迟钝，所以我们要更加耐心地照顾。只要付出一百分的爱，鸟儿一定会活得更加健康和快乐。

如何防止鸟儿意外排便

鸟儿不是人类，它们排便是不分场合、随时随地的。大家试想一个场景，当你和鸟儿玩得正愉快，鸟儿突然在你的身上留下了粑粑，这是一件多么煞风景的事情，所以如何防止鸟儿意外排便是很多人关心的问题。

处理方法

首先你要了解你家爱鸟每次排便的间隔时间，一般是 5 ~ 10 分钟，因鸟品种及食物的不同会使其存在差异。清楚这个时间后，每次只要到了排便时间就马上把它带到指定排便的地方，用特定口令让它"方便"。刚开始鸟儿可能不了解你的意思，但训练一段时间之后，它就不会随地乱排了，反而会做出一些特定的动作，例如转圈圈、不停地蹦跶……当然也可能会自己跑到它的"专属厕所"去排便！

宠物鸟不幸去世我们应该怎么做

　　无论是人类还是动物都逃不过生老病死的规律。宠物的寿命一般都比人类的短，迟早有一天，我们要面临宠物的离去。当真的到了这一刻，料理它的身后事是我们能为它做的最后一件事情。

安全处理方式

　　1.深埋。鸟儿不论是病死还是意外死亡，都有可能携带大量的细菌和病毒，所以选择比较空旷的地方进行深埋处理会比较好，这样细菌和病毒就可以长期地被封存于地下。

　　2.焚烧。如果有条件，可以选择在一个安全的地方把尸体焚烧。这是杀死细菌和病毒最直接有效的方式。

　　3.撒生石灰。生石灰有很强的腐蚀性，可以消灭很多细菌。但在操作时很容易影响到人体，伤害到我们自己，所以一定要谨慎操作。